반도체 이야기

반도체 이야기

초판 발행 2024년 2월 28일

지은이 주병권
펴낸이 이윤희, 주지원, 석준희
펴낸곳 항금리문학 과학부

등록 제2021-000032호
주소 경기도 양평군 강하면 항금리 333(강하 1로 451-7)
전화 (02) 3290-3237
전자우편 alwaysnow231@gmail.com

ⓒ 주병권 2024
ISBN 979-11-977768-2-3 03560

※ 이 책의 내용의 전부 또는 일부를 사용하려면
　반드시 저작권자와 항금리문학의 동의를 받아야 합니다.
※ 책값은 뒤표지에 표시되어 있습니다.
※ 판매 수익금 전액은 사회복지기관 및 시설에 기부됩니다.

반도체 이야기

友情 즈병권 지음

항금리문학
과학부

출간하며
PREFACE

조금 길게 쓰겠습니다. 넋두리도 할 겸

출판사 '항금리문학'의 두 번째 책입니다.
첫 번째 책은 시 모음집 '인간에 대한 예의'였고 2022년 봄에 발간을 하였는데
1쇄 후 2쇄까지 연결이 되어 나름 스테디 셀러는 되었다고 자평합니다.
우리가 글을 쓰고 책을 만들고 수익은 다시 사회로 보내는
우리 가족 출판사가 조금씩 정착을 하고 있습니다. 덕분입니다.

창간호가 문학 부문이라면 이번 책은 공학 부문입니다.
지금까지 제가 작가로 참여하여 여러 출판사에서 출간한 열여섯 권의 책들이
공학과 문학 부문을 함께 다루고 있죠.
그런데 우리 출판사 '항금리문학'에서도 공학 부문의 책을 출간하고 싶어서
'과학부'를 신설하였습니다.
그리고 두 번에 걸쳐 'elec4 전자과학'과 함께 과학 부문 행사인
스마트 센서 이노베이션 데이(SSID)를 잘 개최하면서 경험을 쌓았습니다.
이 기회를 통해 파트너사의 신윤오 국장과 윤범진 이사께 감사를 전합니다.

출판사 '항금리문학'의 과학부의 작품인 ≪반도체 이야기≫는
한국이 보유한 글로벌 시스템 반도체 기업인 'LX세미콘'의 홈페이지에

지난해에 연재하였던 내용들을 책으로 꾸린 것입니다.
연재물이 잘 진행되고 책으로 나오기까지 함께 수고해 준
오청근 플래너와 LX세미콘 홍보센터 관계자 여러분께도 감사드립니다.

이에 더하여 데이터의 입력단과 출력단에 해당하는
'센서'와 '디스플레이' 이야기 등을 부록으로 담았습니다.
보다 재미있는 내용은 앞서 출간된 ≪센서 전쟁≫(교보출판사, 2023)과
≪디스플레이 이야기 1~3≫(열린책빵, 2021, 2023)을 읽어 보시기 바랍니다.

책의 내용과 두께, 가격은 반도체에 관심이 있는 청소년으로부터 일반 성인,
그리고 어르신들까지 실내에서 밖에서 그리고 전철 안에서
편히 읽을 수 있도록 하였습니다.
더 알고 싶은 내용, 더 궁금한 내용이 있다면
작가 블로그와 출판사의 홈페이지를 통해서 얼마든지 의견을 나누실 수 있습니다.

우정 주병권 '인간에 대한 예의' : 네이버 블로그(blog.naver.com/jbkist)
출판사 항금리문학 그리고 강하서점 : 네이버 카페(cafe.naver.com/jbkist)

기술 산업에 전적으로 의존해야만 하는 대한민국의 현실에서
국가의 핵심 종목인 '디스플레이와 반도체'에서
기술 경쟁국들의 거친 추격을 뿌리칠 수 있는 데 작가의 작은 소망이 있습니다.
'디스플레이 이야기'는 1~3권 출간에 이어 제4권을 준비 중이며
'반도체 이야기'는 이제 첫걸음을 뗍니다.
함께 나아가는 길이 될 수 있기를 바라는 마음입니다.

그리고 책의 출판을 도와준 고려대 '디스플레이 및 나노 센서 연구실' 박준영 군 외 9인과
출판사 '열린책빵'의 최일연 대표님께도 고마움을 전합니다.

우정 주병권 시집은 제1호에서 제5호까지 출간되었고
'반도체 이야기' 출간 후 머리도 식힐 겸 6호 시집을 준비하려 합니다.
공학 부문의 책은 머리를 쓰는 작업이지만
문학, 특히 시집 작업은 머리를 식히는 일입니다.
제게는 아내와 딸, 이제는 사위까지 우리 가족은 늘 함께하겠죠.
착한 출판사 '항금리문학'이 가는 길이 더 넓은 곳을 향할 수 있도록
지금의 작은 길을 함께 해 주시는
'고려대 석림회', '라파엘의 집', '세이브더칠드런', '자오나학교'에
사랑을 보냅니다.

2024년 1월
강하 항금리에서
우정 주병권

양평 강하면 항금리
'항금리문학'을 열었습니다.

30여 년의 세월을 앞만 보고 살아온 부부가
곁에 있던 서로를 봅니다.
그리고 함께 앞을 보며 걸어갑니다.
'문학과 출판'이라는 희망을 향하여

차례
CONTENTS

진공관, 그리고 트랜지스터의 등장 ·· 10

    진공관에서 반도체로 10 / 반도체 트랜지스터의 등장 12

집적회로의 시작 ·· 16

집적회로의 발전, 그리고 메모리 반도체와 시스템 반도체 ············ 21

세계의 반도체 전쟁, 그리고 한국의 참전과 승리 ··························· 27

    한국 반도체 산업의 등장과 발전 30 / 시스템 반도체의 중요성과 팹리스 32

실리콘 반도체-기초 물성과 소자에 관하여 ···································· 35

반도체의 제조 공정-실리콘 웨이퍼 만들기 ···································· 42

반도체의 제조 공정-웨이퍼로부터 칩까지 ······································ 49

    반도체, 전공정 49 / 마스크 제작 49 / 에피택시와 열 산화 50

    사진식각 및 패터닝 52 / 도핑 53 / 증착 및 금속 배선 54

반도체의 제조 공정-칩부터 패키지까지 ·· 57

    반도체 후공정, 패키징 57 / 백 그라인딩에서 몰딩까지 58

    반도체 후공정, 측정과 평가 60

반도체의 제조 공정-MEMS 및 마이크로머시닝 ····························· 62

    마이크로머시닝 공정 62 / 실리콘의 식각, 깎아내기 64

    몸체의 미세 가공, 깎고 다듬기 65 / 표면의 미세 가공, 쌓고 깎고 다듬기 66

    실리콘이 아닌 재료들의 가공 67 / 기판들의 접합, 서로 붙이기 68

    밀봉과 패키징, 감싸고 보호하기 69 / 다양한 가공 기술들 71

실리콘 반도체 소자, 그리고 활용 ·· 74
    데이터의 저장과 처리 74 / 데이터의 입력과 출력 77

실리콘 반도체 소자, 그리고 활용—MEMS ································ 80
    입출력 장치, MEMS의 등장 80 / MEMS의 응용 분야 83
    반도체, 4차 산업혁명의 밑알이 되다 84

반도체를 통한 데이터 흐름의 완성, 4차 산업혁명의 시대를 열다 ········ 87
    지능화, 연결성, 자동화 88

반도체의 앞날, 반도체 한국의 넘버원을 소망하며 ······················· 93

부록 데이터의 발원지, 센서의 영토 100
        센서 이야기 102
        전자 디스플레이의 과거, 현재 그리고 미래 111

詩	
트랜지스터	15
집적회로	20
시스템 반도체	26
반도체	34
길을 걷다	41
둥그란 세상	48
전공정 후공정	56
칩 패키징 축에	61
마이크로머시닝	73
데이터의 흐름, 우리	79
MEMS	86
스마트 사회	92

진공관, 그리고 트랜지스터의 등장

정보들이 공기처럼 퍼진 현시대에서 모든 정보는 센서로 획득되고, 반도체 기술로 전달 및 처리되며, 디스플레이로 표시됩니다. 센서와 디스플레이는 전자 부품을 의미합니다. 반도체는 소재입니다. 반도체半導體, semi-conductor, 즉 절반을 나타내는 '半'과 전기가 흐르는 물질인 '導體'의 합성어입니다. 전기가 흐르지 않는 물질인 부도체不導體(혹은 절연체)와 도체의 중간쯤에 해당하는 물질이죠. 전기가 반쯤 흐르는 물질 혹은 전기가 흐르지 않기도 하고 흐르기도 하는 물질로도 표현할 수 있겠네요. 필요에 따라 부도체 혹은 도체로 자유로이 조절할 수 있기에 반도체는 매우 쓸모가 있는 전기 전자 소재가 되었습니다. 이러한 반도체 소재로 제작된 집적회로, 즉 메모리와 시스템 반도체들이 정보를 전달, 저장, 처리하는 데 핵심 역할을 하고 있죠. 반도체 이야기를 옛날부터 앞날까지 따라가 봅니다.

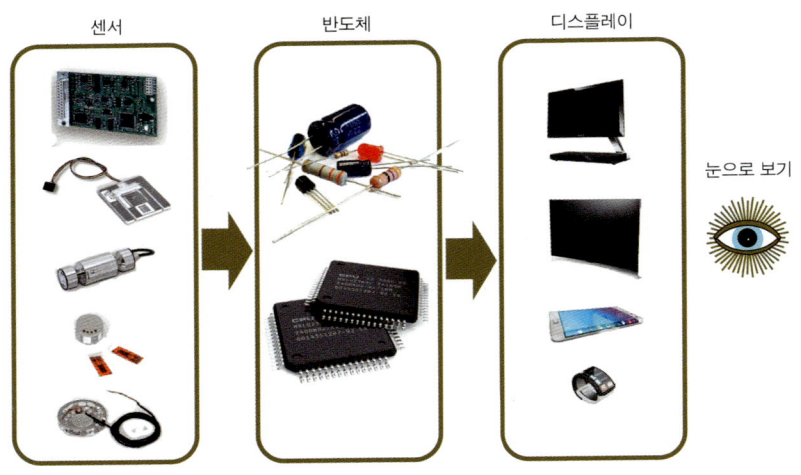

정보의 획득, 전달과 처리, 표시

진공관에서 반도체로

반도체 기술은 1800년대 중반부터 시작되었습니다. 지금은 실리콘이 반도체를 대표하는 재료이지만, 당시에는 안티몬화아연(ZnSb), 황화납(PbS), 황화은(AgS) 등의 화합물을 이용하였죠. 1874년에 독일의 물리학자인 카를 페르디난트 브라운Karl Ferdinand Braun은 황화납(PbS) 반도체에 금속 핀을 접촉하여 점 접촉 다이오드point-contact diode를 제작하여 다이오드로서의 정류 기능을 얻었습니다. 이와 함께 카를 브라운은 1897년에 브라운관을 발명하였죠. 브라운관은 음극에서 열전자 방출된 전자선이 전극을 통하여 가속, 편향되면서 양극에 해당하는 화면에 코팅된 형광체를 충격 여기하여 빛을 만들어 주는 구조입니다. 이는 정보를 표시하는 전자 정보 디스플레이의 시초였으며, 1904년과 1907년에 발표된 존 앰브로즈 플레밍 John Ambrose Fleming의 정류용 2극 진공관과 리 디 포리스트 Lee de Forest의 증폭용 3극 진공관과도 연계되는 기술이죠. 이러한 진공관들이 전기 신호들을 변화하는 데 먼저 사용이 됩니다.

최초의 플레밍 밸브(Science Museum Group Collection)

2극 진공관은 음극과 양극으로만 구성되는데, 교류 신호에서 한쪽 방향으로의 전류만 통과시키는 정류 기능을 가집니다. 3극 진공관은 브라운관과 유사한 구조로 전자를 방출하는 음극과 수집하는 양극 그리고 양극으로 향하는 전자를 제어하는 그리드로 구성되죠. 3극 진공관은 그리드가 양극에서 음극으로의 전자이동 여부를 결정하는 스위칭 기능과 그리드에 인가되는 전압 신호가 작더라도 이에 대응하여 양극 쪽에 이르는 전자의 수가 크게 변함으로써 큰 전류 변화를 유도하는 증폭 기능을 가집니다. 이러한 진공관들은 1900년대에 들어서면서 전기신호의 송수신 여부를 결정(스위칭)하고, 전파 신호를 교류에서 직류로 변환(정류)하며, 입력 신호의 작은 변화가 출력 신호의 큰 변화를 유도(증폭)하는 등 전기가 기계적인 힘을 전달하는 동력 수단으로만 국한되지 않고 전기신호, 즉 정보의 전달과 처리 수단으로 확장되는 계기를 마련합니다. 특히 무선통신의 획기적인 발달을 일구어내죠. 그 후 진공관은 정류, 스위칭 및 증폭 그리고 발진 및 주파수 변환 등을 담당하면서 라디오나 텔레비전의 송수신기를 비롯하여 레이더, 전화 교환기, 무선통신 장비, 계측기 등 가전과 산업, 군수용 전자 기기의 핵심 부품으로 자리매김을 합니다.

에니악(Britannica)

드디어 1946년, 진공관을 사용하여 세계 최초의 컴퓨터인 에니악Electronic Numerical Integrator And Computer, ENIAC이 만들어집니다. 에니악에는 1만 8천여 개의 진공관이 들어가는데, 규모도 어마어마하여 길이 25미터, 폭 1미터, 높이 2.5미터의 집채만 한 크기에 무게도 30톤에 이르렀죠. 당시에는 인간의 뇌를 초월한 전자 기계 장치로서 실로 획기적이었지만, 반면에 너무 큰 부피와 무게, 잦은 고장과 과도한 전력 소모 등이 골칫거리가 되었죠. 실제로 에니악을 가동할 때 펜실베니아 도시 전체의 전력 공급 상태가 영향을 받았다고 전해집니다. 주된 이유는 진공관에 있었는데, 진공관은 기본적으로 진공으로 유지되는 유리관 안에 필라멘트가 설치되고, 이를 가열하여 전자를 외부로 방출시켜 동작하므로 크기를 줄이는 데 한계가 있죠. 이에 더하여 필라멘트를 가열하는 데 필요한 전력, 높은 가열 온도와 필라멘트의 짧은 수명, 유리 부품으로 충격에 약한 점 등이 문제가 되었죠. 따라서 크기가 작고 보다 견고한 고체 전자소자를 향한 욕구가 커져만 갔습니다.

반도체 트랜지스터의 등장

1948년, 마침내 진공관의 단점을 해결할 수 있는 새로운 소자가 등장합니다. 연구소의 윌리엄 쇼클리William Bradford Shockley와 월터 브래튼Walter Brattain, 존 바딘John Bardeen이 점 접촉형 트랜지스터point-contact transistor를 발표하였죠. 모양을 살펴보면 반도체인 게르마늄 블록을 아래에 두고 위쪽에는 두 변에 금 전극이 부착된 삼각형 모양의 플라스틱 구조물을 설치하였습니다. 플라스틱 삼각형 구조물의 꼭짓점에 해당하는 부분에는 금 전극이 없는 좁은 간격을 두어, 두 변의 금 전극 간에는 전기적인 절연을 이룬 상태에서 한쪽 금 전극(이미터 emitter)을 통하여 전압을 인가하고 작은 전류를 흘리죠. 그러면 다른 쪽 금 전극(컬렉터 collector)과 게르마늄 블록 위의 전극(베이스 base) 사이에는 큰 전류가 흐르게 됩니다. 3극 진공관이 가진 스위칭 기능과 증폭 기능을 작고 단단한 고체 소자가 재현한 거죠. 1956년 노벨상에 빛나는 발명입니다.

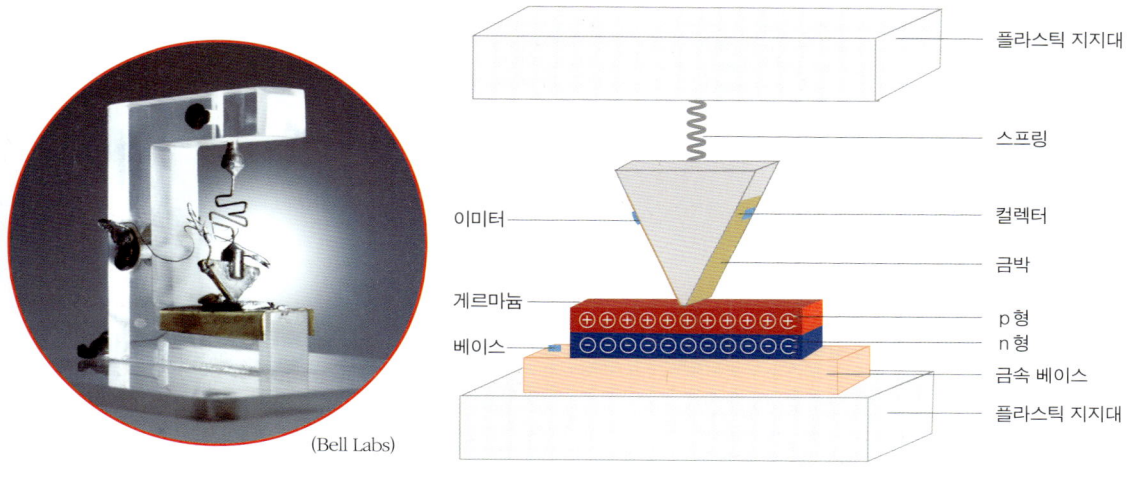

최초의 점 접촉형 트랜지스터

점 접촉형 트랜지스터가 작동에는 성공하였지만 실제 제품으로 제작하기에는 다소 무리가 있던 터라, 연구팀의 리더였던 쇼클리는 보다 안정적이고 실제 제작에도 유리한 샌드위치 구조의 트랜지스터 연구를 독자적으로 진행합니다. 그리고 1949년에 현대판 트랜지스터의 원조 격인 쌍극성 접합 트랜지스터 Bipolar Junction Transistor, BJT의 기본 구조를 발표하게 됩니다. 이는 면 접촉형 트랜지스터로 점 접촉형의 작은 접점보다는 훨씬 큰 면적을 통하여 전하들이 주입되어 채널을 이루기 때문에 성능이 크게 향상되었습니다. 또한 구조도 평면 샌드위치 모양으로 단순화되어 생산성을 갖춘 트랜지스터로서의 면모를 보이게 되죠.

이상과 같이 트랜지스터의 발명을 기점으로 정류 기능, 스위칭과 증폭 기능을 담당하던 진공관이 고체 소자로 급격하게 전환됩니다. 작은 반도체 조각이 유리관을 대체하면서 진공관에서 감수하여야 했던 필라멘트의 짧은 수명과 높은 소비 전력, 큰 부피와 약한 내구성으로부터 해방된 거죠. 1954년에 벨 연구소에서는 최초의 트랜지스터 컴퓨터인 트래딕Transistor Digital Computer, TRADIC이 제작되었는데, 진공관 컴퓨터와 대등한 성능을 가지면서도 크기는 1/300, 소비 전력은 1/1500 수준으로 줄일 수 있었답니다. 이러한 고체 전자소자들의 등장을 계기로 하여 반도체 위에 다이오드와 트랜지스터, 저항, 커패시터 등을 배치하고, 서로 연결시키는 집적회로Integrated Circuit, IC의 시대가 서막을 열게 됩니다.

트랜지스터

너의 신호에
내 마음을
열까 닫을까
그 결정은 너무도 소중해 — 스위칭

나의 마음을
여는 순간
너의 작은 신호로
내 심장은 크게 떨릴 터이니 — 증폭

A transistor is a semiconductor device used to switch or amplify electronic signals and electrical power.

집적회로의 시작

트랜지스터가 발명되면서 진공관에 비해 크기가 매우 작고 전력 소비가 낮은 트랜지스터 라디오가 1954년에 미국의 텍사스 인스트루먼트Texas Instruments, TI에 의해 등장합니다. 네 개의 트랜지스터와 한 개의 다이오드가 진공관들을 대체하면서 들고 다니기 편리한 라디오를 선보인 거죠. 이러한 트랜지스터 라디오는 이후 일본의 소니에 의해 본격적으로 대중화되고, 1960년대에 일본 전자 산업의 부흥을 이끄는 단초가 됩니다. 2022년 〈사이언스Science〉의 표지에서 알 수 있듯이 트랜지스터의 지난 75년의 혁명은 휴대용 라디오로부터 비롯되었죠. 무선통신, 계산 과학, 제어기 등을 거쳐 지금의 컴퓨터와 인공지능에 이르기까지, 그 출발점은 반도체 트랜지스터입니다.

트랜지스터의 75년(Science)

최초의 트랜지스터 라디오 Regency TR-1

이러한 트랜지스터들은 전하를 저장하는 커패시터, 전류를 조절하는 저항기, 정류 작용을 하는 다이오드와 같은 여러 부품들과 전기적으로 연결되어 작동이 되죠. 트랜지스터가 진공관을 소형화시키는 데에는 획기적인 역할을 하였지만, 여러 개의 트랜지스터들을 연결하고 여기에 여러 부품들을 더하여 회로를 꾸며 가는 과정은 만만치 않았습니다. 개별 부품들을 전선 등으로 길고 짧게 연결하여야 했고, 이로 인해 연결선과 연결점들에서 전기적인 부작용들이 발생하였죠. 부피와 함께 소비 전력, 누설 전류와 큰 잡음 등으로 크기와 성능, 생산성에서 문제점들이 다시 드러나기 시작하였습니다. 이와 함께 과학자와 엔지니어들은 더욱 상상력을 발휘하여, 진공관으로는 꿈도 못 꾸었던 복잡하고 다양한 회로들을 설계하고 제시하였죠.

소위 '숫자의 횡포The Tyranny of Numbers'라는 장벽에 맞닥뜨린 거죠. 이 장벽을 넘기 위한 노력이 집적회로Integrated Circuit, IC라는 돌파구를 낳게 됩니다. '집적集積'의 뜻 그대로 '모아서 쌓은' 회로입니다. 개개의 부품들을 하나의 반도체 기판 위에 작게 만들고 최단 거리를 통하여 전기적으로 연결한 '일체화된 monolithic' 회로인 셈이죠.

드디어 1959년에 칩이라 불리는 반도체 조각 위에 저항과 다이오드, 콘덴서 등을 배치한 후 연결한 모놀리식 집적회로의 초기 형태가 발명됩니다. 텍사스 인스트루먼트Texas Instruments의 잭 킬비Jack S. Kilby와 페어차일드Fairchild의 로버트 노이스Robert Noyce가 주인공들이죠. TI의 연구원이었던 잭 킬비는 한 개의 게르마늄 칩 위에 여러 소자들을 만들고, 이들이 알루미늄선으로 촘촘하게 연결된 집적회로를 고안하였죠. 반년쯤 뒤에 노이스는 금속선을 사용하지 않음으로써 한층 더 실용성이 있는 집적회로 기술을 발표합니다. 실리콘 산화막으로 소자들을 보호하면서 여기에 홈을 만들어 전극층으로 연결하는 구조를 선보이게 되죠. 즉, 실리콘을 소재로 하고 실리콘 산화막과 금속 배선의 패터닝을 적용하는 실리콘 집적회로의 시작입니다. 트랜지스터, 저항, 다이오드, 콘덴서 등의 부품들이 하나의 반도체 칩 위에 만들어지고, 서로 연결된 집적회로를 이용하여 신호를 보내고 받기도 하며, 연산과 저장을 하게 됩니다.

 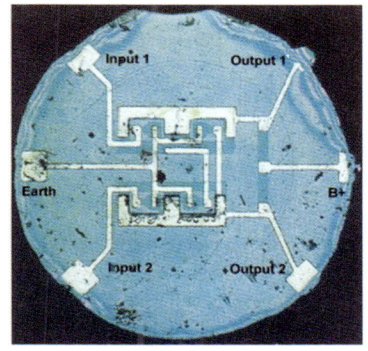

잭 킬비의 집적회로(왼쪽)와 로버트 노이스의 집적회로(오른쪽)

페어차일드의 공동 설립자이기도 한 노이스는 후에 인텔Intel을 공동 설립하였으며 1990년에 세상을 떠납니다. 2000년에 잭 킬비가 집적회로를 발명한 공로로 노벨상을 받게 되죠. 킬비와 노이스는 집적회로의 개발자로서 명예를 나누었으며, 경쟁과 협력을 함께하여 온 훌륭한 과학자들입니다. 그리고 집적회로를 언급할 때 빼놓을 수 없는 한국인 과학자가 있는데, 바로 강대원 박사입니다. 1960

집적회로의 시작 17

년, 벨 연구소의 강대원 박사는 마틴 아탈라와 함께 집적회로에 훨씬 적합한 구조를 갖는 금속-산화막-반도체 전계 효과 트랜지스터Metal Oxide Semiconductor Field Effect Transistor, MOSFET를 발명하고 그 제조 방법을 제시합니다. MOSFET은 앞서 사용된 트랜지스터인 쌍극성 접합 트랜지스터Bipolar Junction Transistor, BJT에 비하여 제조 공정과 양산성, 집적도 면에서 집적회로에 더욱 적합한 구조로 오늘날 메모리 및 시스템 반도체에 널리 적용되고 있죠. 이를 토대로 하여 집적회로는 집적도의 향상에 따라 소규모, 중규모, 대규모, 초대규모, 극초대규모Small-, Medium-, Large-, Very Large-, Ultra Large-Scale Integration인 SSI, MSI, LSI, VLSI, ULSI 등으로 발전하여 오늘에 이르고 있습니다.

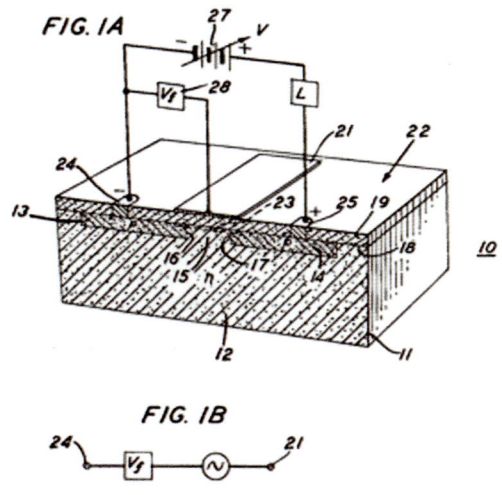

금속-산화막-반도체 트랜지스터의 특허(벨 연구소)

집적회로의 등장으로 시작된 실리콘 반도체 산업은 '제2의 석기시대'로 일컬어질 정도로 새로운 문명의 시작을 열었으며, 3차와 4차 산업혁명 시대의 주역이 되고 있습니다. 더 작은 실리콘 반도체 칩 위에 더 많은 회로를 만들고자 하는 '고집적화'를 향한 노력이 꾸준히 이어져 왔죠. 1965년에 노이스와 함께 인텔을 설립한 고든 무어는 소위 '무어의 법칙'을 발표합니다. 즉, '반도체 메모리의 용량이나 중앙처리장치Central Processing Unit, CPU의 속도는 18개월에서 24개월마다 2배씩 향상되며, 컴퓨팅 성능은 18개월마다 2배씩 향상되고, 컴퓨터 가격은 18개월마다 반으로 떨어진다'는 내용입니다. 물론 무어의 법칙은 반도체 기술의 발전에 따라 수정을 거듭하였습니다. 2000년대에 들어서면서 더욱 논란이 되고 있지만, 1960년대에 집적회로 탄생 후 수십여 년 동안 실리콘 탄도체 집적회로의 집적도가 어떻게 발전하여 왔는지를 잘 보여 주고 있습니다.

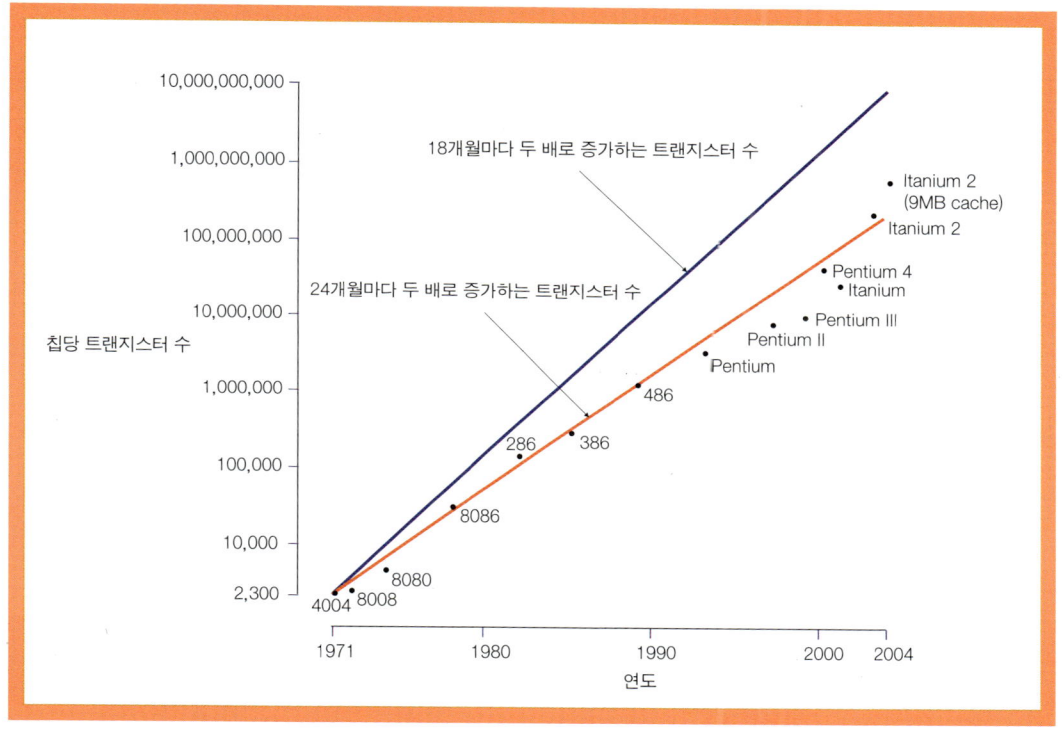

무어의 법칙

집적회로

우린 서로를 몰랐어
누구인지 관심도 없었어
각자의 일을 하였을 뿐 - discrete

우린 서로 알게 되었어
마주보며 이야기를 나누었어
서로 도움을 줄 수 있었지 - hybrid

우린 사랑하게 되었어
하나가 되어 마음을 주고받았어
크고 소중한 일을 하게 되었지 - integrated

An integrated circuit is a set of electronic circuits on one chip of semiconductor material, usually silicon.

집적회로의 발전, 그리고 메모리 반도체와 시스템 반도체

잭 킬비와 로버트 노이스에 의해 집적회로의 초기 모델이 제안되면서 더욱 간단한 공정을 통하여 대량생산이 가능하도록 트랜지스터의 구조와 공정 기술이 발전되어 왔습니다. 벨 연구소의 금속-산화막-반도체 전계 효과 트랜지스터 Metal-Oxide-Semiconductor Field Effect Transistor, MOSFET에 이어서 페어차일드 반도체는 상보형 MOSFET Complementary MOSFET, CMOS의 기본이 되는 자기 정렬형 self-aligned 게이트 구조를 제시하였고, 이를 적용하여 제조 공정이 수월하고 기생 정전용량을 줄인 실리콘 게이트 트랜지스터가 만들어지기 시작하였죠.

이름	풀어쓰기	등장 연도	트랜지스터 수	로직 게이트 수
SSI	Small-Scale Integration	1964	1~10	1~12
MSI	Medium-Scale Integration	1968	10~500	13~99
LSI	Large-Scale Integration	1971	500~20,000	100~9,999
VLSI	Very Large-Scale Integration	1980	20,000 ~ 1,000,000	10,000 ~ 99,999
ULSI	Ultra-Large-Scale Integration	1984	1,000,000~	100,000

집적회로의 분류

1960년대 초기의 집적회로는 트랜지스터가 단순히 몇 개 정도 들어가 있는 수준으로, 이를 소규모 집적 Small-Scale Integration, SSI이라 일컫습니다. 트랜지스터를 더욱 작고 간단하게 만들 수 있도록 구조의 개선과 공정 기술이 발전하면서 성능은 향상되고 크기는 점점 작아졌죠. 그에 따라 같은 면적에 점점 더 많은 수의 소자들을 만들 수 있게 되었죠. 이러한 집적도의 발전 과정을 살펴보면, 1960년대 후반에는 수십 개에서 백 개 수준의 중규모 집적 Medium-Scale Integration, MSI, 1970년대에는 수백 개에서 만 개에 이르는 트랜지스터가 집적화된 대규모 집적 Large-Scale Integration, LSI 수준까지 발전합니다. 이후로 집적도는 더욱 증가하면서 1980년대 이후로 VLSI Very LSI, ULSI Ultra-LSI 등이 순차적으로 출현하며, 트랜지스터의 수는 수만 개에서 수백만 개로 증가하였습니다. 2000년대를 넘어서면서 나노급 공정 기술의 도입을 통해 수십억 개 내지는 수백억 개의 트랜지스터가 반도체 칩 위에 집적화되는 수준에 이르렀습니다.

집적도가 꾸준히 향상되어 온 원동력으로는 소자들, 특히 트랜지스터의 구조와 제조 공정의 개선을 들 수 있습니다. 즉, 게르마늄 반도체를 이용한 점 접촉형 트랜지스터를 최초로 작동시킨 후, 실리콘 반도체로 전환하여 면 접촉형, 쌍극성 접합 트랜지스터BJT, 금속-산화막-반도체 계면 효과 트랜지스터MOSFET, 더 나아가서 상보형 MOSFETCMOS 구조로 진화되어 왔습니다. 성능면에서는 빠른 동작 속도와 낮은 소비 전력, 제조면에서는 간단한 구조와 쉬운 공정, 높은 집적도를 갖출 수 있도록 기술 개발이 진행되었죠. 최근에 이르러서는 공정과 구조에서의 퀀텀 점프, 즉 한계를 돌파하는 작동 개념과 신개념 물질의 적용, 나노급 공정과 구조들이 트랜지스터와 집적회로의 새로운 지평을 열고 있습니다. 하나의 전자로 작동하는 단전자 트랜지스터, 원자가 한 겹으로 배열된 2차원 물질, 나노 크기의 트랜지스터를 위한 FinFET과 GAAGate All Around 구조 등이 새로운 물질, 신개념 구조와 공정을 대표하는 용어들입니다.

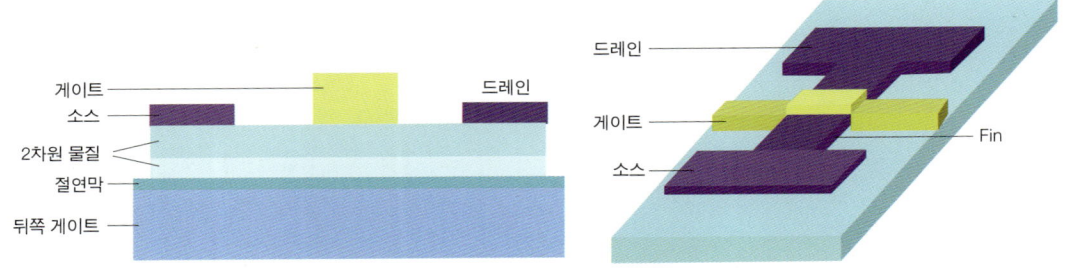

2차원 물질 트랜지스터와 FinFET

집적도의 발전과 함께 반도체 기판 위에 보다 많고 다양한 회로들을 집적시키려는 시도가 이어져 왔죠. 데이터 저장용 메모리의 경우, 진공관이나 전자 계전기, 자기 코어 등이 이용되었으나 1970년대에 들어서면서 반도체 메모리의 시대가 본격적으로 시작됩니다. 1971년에 인텔이 1Kb(킬로비트)용 DRAMDynamic Random Access Memory을 출시한 이래로 더 좁은 면적에 더 많은 데이터를 저장하기 위한 개발이 지속되었죠. 메모리의 저장 용량은 10년 주기로 1,000배씩 증가하여 왔는데 1980년대는 메가 비트로, 1990년대는 기가 비트로 발전되었고, 2000년대에는 NAND 플래시 메모리를 중심으로 하여 테라 비트 영역으로 들어서게 됩니다.

이와 함께 인텔은 1971년에 최초로 민간용 중앙처리장치Central Processing Unit, CPU인 인텔 4004를 선보입니다. 크기는 1.2cm 정도로 2,250개의 트랜지스터가 들어갔죠. 중앙처리장치라 함은 컴퓨터의 두뇌에 해당하는 부분으로, 기억장치와 연계하여 입력장치로부터 받는 데이터를 처리하여 출력장치로 보내는 역할을 합니다. 데이터를 비교 판단하고 산술적인 처리를 하는 연산회로, 해석 및 실행을 담당하는 제어회로 등으로 구성되며, 이들을 하나의 칩으로 구현한 것을 마이크로프로세서microprocessor라 부르죠. 16비트, 32비트, 64비트 등의 수식어가 앞에 붙는데, 이는 처리할 수 있는 데이터의 크기를 나타냅니다. 물론 데이터의 크기가 증가할수록 더욱 높은 집적도를 필요로 합니다.

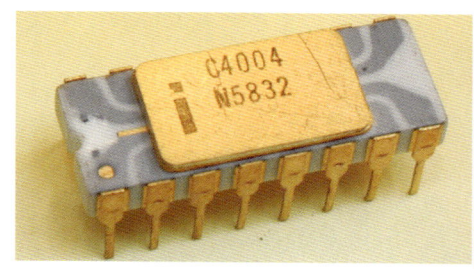

최초의 CPU, 4004(Intel)

인텔의 예에서 볼 수 있듯이 반도체 소자는 두 갈래 길로 발전하여 왔습니다. 데이터의 기억 혹은 저장을 담당하는 메모리 반도체와 연산과 처리, 제어를 맡는 시스템 반도체의 길이죠. 메모리 반도체는 한국이 최강자입니다. 선행 투자를 할 수 있는 자본력, 생산 시설 확보, 제조 공정 기술의 개발에 절대적으로 의존하며 제조 기술이 확보되면 일괄 대량생산으로 가격 경쟁력을 갖추게 됩니다. 반면에 시스템 반도체는 주력 기업들이 주로 미국에 있습니다. 공정보다는 설계 기술이 핵심이 되고, 제품도 매우 다양하며, 시설 투자보다는 인적 자원의 노하우에 절대적으로 의존합니다. 가격 경쟁력이 아닌 기술력으로 승부하죠. 시장 규모도 커서 반도체 전체 시장에서 60~70%를 차지하고 있습니다.

작가의 관점에서 본다면 메모리 반도체는 필기구에 비유할 수 있습니다. 종이가 얇거나 연필심이 가늘다면 노트에 더 많은 필기를 할 수 있겠죠. 더 많은 내용을 쓸 수 있도록 더 얇지만 질긴 종이, 더 가늘지만 부러지지 않는 연필심을 대량으로 만들어내면 됩니다. 바로 제품이죠. 반면에 시스템 반도체는 시를 쓰는 것입니다. 어떤 시를 쓸까, 어떻게 표현할까와 같이 작가의 창의력과 함께 읽는 독자를 향한 공감의 전달이 필요합니다. 시스템 반도체는 하나의 작품이라고 볼 수 있겠습니다.

시스템 반도체의 중요성을 더 강조해 보겠습니다. 일반적으로 반도체 산업은 연구 개발, 설계, 생산(전공정), 패키징(후공정), 테스트 단계로 진행되며, 이 단계들을 종합적으로 갖춘 종합 반도체 기업Integrated Device Manufacturing, IDM과 특정 단계에서 강점과 사업성을 갖는 단계별 전문 기업으로 구분됩니다. 메모리 반도체 분야는 한국의 삼성전자와 SK하이닉스와 같은 종합 반도체 기업이 세계 시장의 70%를 점유 중입니다. 반면에 시스템 반도체 분야는 주로 각 단계별로 전문 기업들이 역할을 담당하고 있죠.

메모리 반도체	Vs.	시스템 반도체
데이터 저장	용도	데이터 처리(연산, 제어 등)
단순, 규격 배열	칩 구조	복잡, 비규격화
휘발성(DRAM, SRAM) 비휘발성(ROM, 플래시 등)	제품 종류	마이크로 컴포넌트(CPU, DSP), 로직 IC(DDI, AP), 아날로그 IC, 광반도체(CIS) 등
공정 기술	기술성	설계 기술
소품종 대량 생산	생산 방식	다품종 소량 생산
미세 공정 하드웨어 양산 능력 설비 투자, 자본력	주요 경쟁력	설계 소프트웨어 노하우 인적 자원, 교육
삼성전자, SK하이닉스, 마이크론, 도시바 등	주도 기업	인텔, 퀄컴, 엔비디아, AMD, LX세미콘 등
30%~40%	시장 점유율	60%~70%

반도체 제품의 분류와 특징

  이러한 전문 기업들을 분류하여 보면 우선 설계만 전문적으로 하는 기업인 팹리스^{Fab-less}를 들 수 있습니다. 생산 설비인 팹을 가지고 있지 않아서 팹리스라 하는데, 설계에만 집중하고 제조 공정은 모두 외주로 진행하며 생산된 집적회로의 소유권을 가지고 자사 브랜드로 공급하죠. 대규모 투자가 필요한 시설 부담이 없이 오로지 아이디어와 설계 노하우만으로 승부하며, 특히 소량 다품종인 시스템 반도체를 대상으로 합니다. 유사한 형태로 IP^{Intellectual Property, 지적재산권} 기업이 있는데, 역시 설계를 전문으로 하지만 외주 생산은 하지 않고 개발된 설계 블록, 셀 라이브러리를 종합 반도체 기업이나 팹리스에 제공하고 로열티를 받습니다. 다음으로 생산 전문 기업인 파운드리^{Foundry}가 있죠. 수많은 팹리스 기업들의 생산 기지로 팹리스가 설계한 칩을 위탁받아서 생산합니다. 대만의 TSMC^{Taiwan Semiconductor}

Manufacturing Company, 삼성전자의 파운드리 사업부, UMC, 글로벌 파운드리 등이 대표적이죠. 파운드리와 팹리스 사이에는 디자인 하우스가 있습니다. 즉, 팹리스가 설계한 설계 도면을 파운드리 생산 공정에 맞도록 제조용 도면으로 전환하는 역할을 하죠. 그리고 끝 단계로 OSAT^{Outsourced Semiconductor Assembly and Test} 업체가 있습니다. 용어 그대로 생산된 반도체 칩을 테스트하고 최종 조립하는 역할을 합니다.

이러한 단계별 특화 기업들의 분업을 통하여 4차 산업혁명 시대의 키워드인 인공지능과 사물 인터넷, 스마트 모빌리티 등에서 필요로 하는 시스템 반도체들이 생산되고 있습니다. 가격 경쟁력에 의존하는 메모리 반도체와는 달리 다품종 소량 생산을 통하여 데이터 경제 사회의 곳곳에서 나름대로의 역할을 하고 있는 시스템 반도체는 그 필요성이 더욱 증대될 것입니다. 시스템 반도체는 데이터에 의존하는 제품군들의 확산으로 수요처가 다변화됨과 동시에 수요에 따른 맞춤형 생산으로 시장을 확보함으로써 메모리 반도체가 가질 수밖에 없는 높은 수요 의존도에서 비교적 자유롭죠. 설계 기술력과 우수한 인적 자원으로 시장과 수요어 흔들리지 않는 차별화된 경쟁력을 독자적으로 보유할 수 있다는 점은 매우 큰 매력입니다. 시장 규모도 메모리 반도체의 두 배 이상이죠. 시스템 반도체는 한국 반도체의 앞날을 위해서 반드시 도약하여야 할 종목입니다.

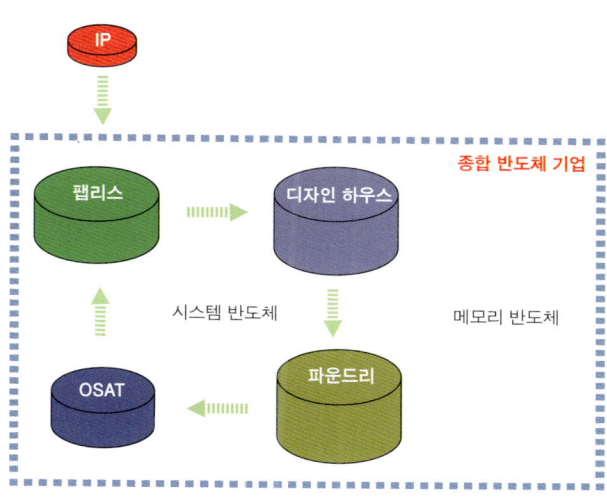

시스템 반도치와 메모리 반도체의 기업 체계

시스템 반도체

남자가 아니면
非남자
이는 처음부터 옳지 않았어
남자는 가장
가장은 한시절일 뿐이야

메모리가 아니면
非메모리
이는 처음부터 옳지 않았어
메모리는 기억
기억은 추억일 뿐이야

System semiconductor is a semiconductor that controls logic, calculations, and other functions unlike a memory semiconductor that saves data.

세계의 반도체 전쟁, 그리고 한국의 참전과 승리

    1947년의 트랜지스터 발명 그리고 1959년 집적회로의 발명으로 미국은 반도체 산업의 종주국이었습니다. 그러나 제2차 세계대전 이후로 이어진 냉전 시대에서 미국의 반도체 산업은 군사적 응용에 중점을 둘 수밖에 없었으며, 가전 기기와 같은 민간 소비용에는 크게 집중하기가 어려웠죠. 반면에 패전국으로 국가 재건이 급했던 일본은 소비재용 반도체 산업에 눈길을 돌리게 되었죠. 이에 더하여 1950년대에 들어서면서 미국 법무부의 반독점 규제로 AT&T의 자회사 웨스턴일렉트릭 등의 특허가 개방되면서 일본의 반도체 산업은 본격적으로 시작됩니다.

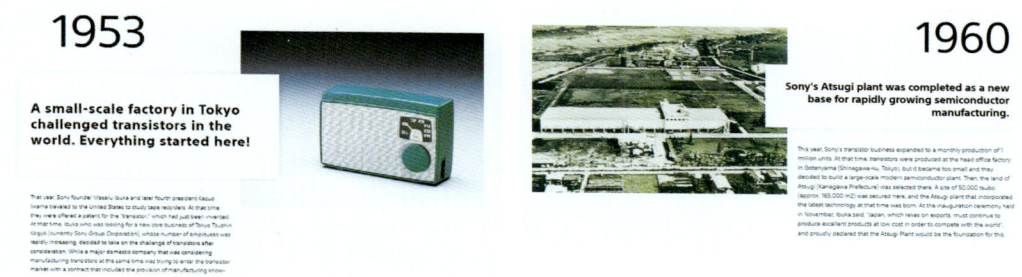

일본 소니의 반도체 역사(SONY)

    소니를 필두로 하여 트랜지스터 라디오, 워크맨, 디스플레이 등 반도체 기술로 만들어진 일본산 가전제품들이 미국 시장을 급속히 잠식하기 시작합니다. 그리고 1973년 중동전쟁에 따른 1차 오일쇼크에 이어 1978년에 이슬람 혁명과 이란-이라크 전쟁에 따른 2차 오일쇼크가 일어나면서, 세계 경제가 큰 타격을 받게 되죠. 경제 위기로 반도체 수요가 줄어 미국 기업들이 주춤거리는 틈에 일본의 재벌 기업들이 계열사들을 통한 대규모 투자를 감행하였고, 일본 특유의 제조 기술력을 연계하여 반도체 생산과 수율, 가격 경쟁력면에서 큰 경쟁력을 갖춥니다. 일본 정부도 반도체 산업을 적극적으로 지원하면서 반도체 제조-설비-소재 업체들 간의 수직 계열화를 이루게 되죠. 이렇게 다져진 토양 위에서 일본 반도체의 전성기가 시작됩니다.

    1980년에는 30%이던 일본의 반도체 시장 점유율이 1985년에는 미국을 역전하였으며, 1987년에는 세계 시장의 80%를 넘게 됩니다. 세계 반도체 10대 기업에 일본전기NEC, 도시바, 히타치, 후지쯔, 미쓰비시, 마쓰시타 등 6개의 일본 기업들이 포진하게 되죠. 한때는 90%에 가까운 시장 점유율을 기록하였던 인텔은 1985년에 메모리 사업을 포기하여야만 했고 RCA는 문을 닫았으며 내셔널세미컨덕터와 모토로라 등 미국의 반도체 기업들은 급속히 위축되었습니다. 이를 미국에서는 '제2의 진주만 공격'으로 표현합니다.

미국의 반도체 산업이 위축된 데에는 일본의 도약과 함께 생산성이나 가격보다는 성능만을 우선시하는 군수 및 항공 산업에 중점을 둔 점도 이유가 되었죠. 반도체가 가전뿐만이 아니라 국방, 우주 산업에도 매우 중요하기에 미국 정부는 일본을 향하여 대대적인 반도체 압박 정책에 들어갑니다. 레이건 행정부는 덤핑 조사를 하고, 이는 미국 기업의 소송으로 연결되어 1980년대 중·후반부터 일본에 대한 보복 관세와 함께 '미국 일본 간 반도체 협정'을 체결하죠. 이 협정은 일본 내 외국산 반도체 점유 비중을 20%까지 끌어올리고 미국의 대 일본 반도체 기업 투자 허용을 골자로 하고 있습니다. 일본으로서는 페리 제독의 강제 개항을 떠올리는 '제2의 굴욕 개항'이 된 셈이죠. 그러면서 1987년에 미국 정부는 반도체 산업의 육성을 위하여 민관 공동의 반도체 제조 컨소시움인 SEMATECH^{Semiconductor Manufacturing Technology}를 발족합니다. 이는 일본을 견제하기 위해 미국 반도체 기술이 한국으로 이전되는 것을 암묵적으로 허용하게 되는 계기가 됩니다.

SEMATECH에 관한 신문 기사

미국의 이러한 시도는 일본의 반도체 산업에 치명타로 작용하여 일본의 반도체 기업들이 쇠락의 길로 들어서고 한국으로서는 절호의 기회가 되죠. 1990년대에 들어서면서 소련의 붕괴로 미국의 국방 기술이 민간 쪽으로 공개되면서 민간 소비재 산업이 활성화됩니다. 이 무렵부터 반도체 응용 분야가 가전 산업에서 컴퓨터 쪽으로 선회하고 메모리 시장에 더하여 마이크로프로세서를 비롯한 시스템 반도체의 비중이 커지기 시작합니다. 그리고 미국 기업들은 경기 사이클에 크게 영향을 받는 메모리보다는 큰 시장 확장성이 보이는 비메모리 쪽으로 방향을 틀어 컴퓨터를 기반 사업에 더욱 집중합니다. 인텔을 비롯하여 엔비디아, AMD, 퀄컴, 자일링스 등이 시스템 반도체의 강자로 부각되죠. 마침내 1992년 인텔은 일본의 NEC를 누르고 반도체 기업 1위에 재등극합니다.

반도체 생태계의 변화를 살펴보면, 1980년대와 1990년대는 미국과 일본의 경쟁 구도로 특히 일본 기업들이 미국 기업들을 앞서고 이에 자극을 받은 미국이 일본을 압박하는 시기였습니다. 1990년대부터 2000년대까지는 일본과 한국의 경쟁 시대로 한국이 대규모 투자를 감행하여 일본을 넘어서는 시기였습니다. 2000년대 이후로는 특히 메모리 분야에서 삼성전자와 SK하이닉스를 앞세운 한국이 일본과 대만 기업들을 제치고 세계 최강의 자리에 올라섰습니다. 미국과 일본의 반도체 대전과 미국의 시스템 반도체 집중으로 무주공산이 된 메모리 반도체 분야에서는 한국이 주도권을 잡게 된 거죠.

한편, 1980년대 후반에 반도체 산업의 또 다른 강자가 등장합니다. 미국이 시스템 반도체에 집중하고 있지만 설계에 주력할 뿐 이를 실질적으로 제조, 생산하기 위한 시설이 부족하였습니다. 이에 메모리 사업에서 공략점을 찾지 못하던 대만은 '위탁 생산'으로 발길을 돌립니다. 이러한 상황이 맞아떨어지며 마침내 1987년 TSMC^{Taiwan Semiconductor Manufacturing Company, 타이완 반도체 제조 기업}가 탄생합니다. 반도체 기업이 생산 시설에 투자를 하지 않아도 사업을 할 수 있다는 매력으로 미국과 일본 등의 반도체 팹리스들의 러브콜을 받게 되며 TSMC는 설계도를 받아 맞춤 생산을 시작하였죠. 지금껏 TSMC는 파

1987년도의 TSMC의 Fab-1

운드리의 최강자로 자리매김을 하고 있습니다.

한국 반도체 산업의 등장과 발전

한국의 반도체 사업은 1960년대 중반, 미국 기업들이 반도체의 조립과 포장을 저임금 국가로 이전하면서 시작되었습니다. 1970년대에 들어서며 한국 정부는 상공부 산하에 전자공업과를 설치하고, 전자통신연구소를 설립하는 등 전자 산업을 육성하기 위한 체계를 마련하였죠. 또한 1974년에 '한국반도체'가 설립되어 단순한 조립 포장 수준을 넘어 웨이퍼 가공과 반도체 칩 생산이 시작되었고, 1978년에 삼성그룹으로 합병됨으로써 반도체 한국의 역사가 시작됩니다.

1974년 삼성의 한국반도체 인수(삼성전자)

1979년에는 럭키금성 그룹이 대한전선의 반도체 사업부를 인수하고 미국 AT&T와 합작하여 금성반도체(1995년에 LG반도체로 개명)를 설립하였습니다. 이어서 1983년에는 현대그룹이 현대전자를 설립하면서 한국 반도체 산업의 본격적인 도약에 착수합니다. 현대전자는 이후 2001년 LG반도체와 합병 후 하이닉스로 개명되었고, 2012년에 SK 그룹에 편입되어서 지금의 SK하이닉스로 상호가 변경되었죠. 일본이 오일 쇼크와 같은 경제 위기 상황에서도 반도체 산업으로 굳건히 지탱하였다는 점, 그리고 반도체 산업이 우수한 인적 자원을 토대로 한다는 점 등의 매력 포인트로 한국 정부와 재계의 지원과 투자가 일어나게 됩니다. 반도체 전장에서 미국과 일본의 총성 없는 전쟁의 수혜국으로서의 기회도 한몫을 하죠.

한국의 반도체 산업은 메모리 반도체가 중심이 되었으며, 1983년에 삼성전자가 미국, 일본에 이어 세계 세 번째로 64K D램 개발에 성공한 후 1992년에는 64M D램을 세계 최초로 개발하였고, 1994년 256M D램, 1996년 1G D램 등으로 세계 최고의 길로 들어섭니다. 64M D램은 한국 과학의 역사에서 상징적인 의미가 커 국립중앙과학관의 '국가중요과학기술자료'로 등재가 되었죠. 이후 삼성전자는 2002년, 인텔에 이어 세계 2위의 반도체 기업에 등극한 후 그 위치를 유지하고 있습니다. 시스템 반도체는 미국, 메모리 반도체는 한국이라는 구도가 편성되었으며 일본의 반도체 산업은 쇠퇴의 길로 들어섭니다. 미국의 견제, 한국의 도약과 함께 특유의 장인 정신에 따른 고성능 제품에 대한 집착, 창업 정신과 리더십의 부재에 더하여 정부의 미숙한 위기관리 능력도 일본 반도체 추락의 원인으로 작용을 하였죠.

2000년대에 들어서면서 한국의 반도체, 특히 메모리 사업은 치킨 게임을 주도할 만큼 강력한 파워를 지니게 됩니다. 원가 경쟁력을 지닌 기업이 후발 주자를 견제하기 위해 공급량과 공급 가격을 조절하는 '골든 프라이스' 전략을 통하여 한국의 삼성전자와 SK하이닉스는 유럽과 대만의 경쟁사들을 좌절시키면서 2009년에는 메모리 세계 시장 점유율을 55%까지 끌어올립니다. 2010년에 저장 매체가 하드디스크에서 낸드플래시를 채택한 SSD^{Solid State Drive}로 전환되면서 시작된 2차 치킨 게임에서는 일본의 마지막 DRAM 기업인 엘피다가 무너지게

국가중요과학기술자료로 등재된 64M D램(국립중앙과학관)

되죠. 2017년이 되어서야 치열한 치킨 게임이 마무리되고 세계 반도체 업계는 생존 기업들로 재편되며, 삼성전자와 SK하이닉스는 최고의 실적을 내게 됩니다. 이와 같이 한국 기업은 1970년에 반도체 산업에 첫걸음을 뗀 뒤 반세기 만에 글로벌 영향력을 가질 만큼 성장하였고, 메모리 반도체에 관한 한 절대 강자로서의 위치를 굳건히 다지고 있습니다.

최근에 반도체 생태계의 지도는 다시 그러지고 있습니다. 2015년에 중국은 '반도체 굴기'를 선언하였고, 정부의 지원 하에 풀린 마이크로일렉트로닉스, 프리마리우스 테크놀로지스 등 무섭게 성장하는 반도체 기업들이 등장합니다. 이와 함께 화웨이 등 중국 IT 업계의 글로벌 입지가 커지자 미국은 2020년에 '화웨이 제재안'을 발표하며 미국 기업이 보유한 기술이나 시스템 반도체 제품의 중국 유입을 통제합니다. 이에 대응하여 중국이 독자적인 반도체 역량을 키의 가자 미국은 메모리의 한국과 제

조 장비의 일본, 파운드리의 대만에 '칩4 동맹'을 제안하여 반도체 시장에서 중국을 배제하는 전략을 마련합니다. 이와 함께 미국 본토에 반도체 생산 라인을 유치하기 시작하는데, 미국의 마이크론과 한국의 삼성전자, SK 그룹이 설비 투자 계획을 발표하게 되죠. 일본도 과거의 명성을 되찾기 위해 움직입니다. 2022년 도요타, 소니, 소프트뱅크, NTT, 미쓰비시 은행, 키오시아, NEC, 덴소 등이 참여하여 반도체 기업인 '라피더스Rapidus'를 설립하죠. 반도체 관련 기업들과 함께 자동차, 금융, 통신 회사들이 손을 잡고 일본 정부의 지원에 힘입어 2027년 전후로 반도체를 양산한다는 전략을 제시하고 있죠. 가까운 미래에 세계 반도체 지형이 요동칠 가능성이 적지 않습니다.

시스템 반도체의 중요성과 팹리스

한편 한국 기업들이 메모리 반도체를 택한 이유로는 미국보다는 후발 주자인 일본의 주력 분야로 경쟁이 비교적 수월하다는 점, 원천 기술보다는 생산 기술에 의존한다는 점, 주문형 반도체 개발을 위해서 꼭 필요한 설계 노하우와 경험이 풍부한 전문 인력 보유 등에서 취약하였던 점 등을 들 수 있습니다. 물론 이러한 결정이 시스템 반도체 분야에서의 고전을 초래한 원인이기도 하지만, 당시에는 최선을 다한 선택이었음은 부인할 수 없습니다.

초기의 반도체는 D램과 낸드플래시와 같은 메모리를 중심으로 성장하여 왔으며 메모리 기술력은 반도체 기술력의 우위를 결정짓는 잣대였습니다. 반면에 비메모리인 시스템 반도체는 메모리의 차선책으로 시작되었는데, 메모리는 그 수요처가 많았지만 비메모리의 수요는 국한되었기 때문입니다. 반도체 기업의 상징인 인텔마저도 메모리 경쟁에서 밀려 시스템 반도체로 돌아선 경우라 볼 수 있습니다. 1970년에 시스템 반도체의 효시인 민간용 4비트 마이크로프로세서 '4004'를 시작한 인텔이 이를 발전시키고 IBM과 애플이 중앙처리장치CPU로 탑재하면서 개인용 컴퓨터를 급격히 보급하죠. 컴퓨터와 함께 IT 기술의 발전과 확산으로 시스템 반도체의 중요성이 점점 커져 가고, TSMC의 설립으로 팹리스 기업들이 속속 등장합니다. 메모리의 집적도는 점점 한계에 이르고, 가격도 불안정한 반면에 정보 처리나 변환을 담당하는 시스템 반도체의 시장은 메모리 시장의 두 배 이상으로 성장하였습니다. 5,500억 달러에 이르는 반도체 시장에서 4,000억 달러 이상을 시스템 반도체가 차지하고 있죠. 시스템 반도체에 집중하여야 하는 시기입니다.

한국 반도체 산업의 미래를 위해서는 우수한 팹리스의 성장이 필요하고, 파운드리의 효율화를 이루어야 합니다. 이를 통한 시스템 반도체 산업 육성은 이제 선택이 아닌 필수입니다. 한국의 반도체 산업이 메모리 반도체에서 세계 최강의 자리를 굳힌 2000년 무렵에 시스템 반도체 전문 기업으로 설립된 LX세미콘은 국내 팹리스 전문 기업의 선두입니다. 디스플레이와 스마트폰, 가전 분야를 시작으로 자동차, 제조 산업 분야 그리고 4차 산업혁명을 대표하는 사물 인터넷과 스마트 홈에서의 핵심인 시스템 반도체 개발을 지향하고 있죠. 지난해 국내 팹리스 기업으로는 최초로 매출액 '2조 클럽'에 진입하였고, 세계 팹리스 기업 순위에서 한국 기업으로는 유일하게 50위권 이내에 들어 있으며, 현재 10위권 진입을 눈앞에 두고 있죠. 향후 '인오가닉 성장' 동력을 통하여 반도체 제조로까지 역량을 확장하면서 메모리에 이어 시스템 반도체 강국을 지향하는 한국 반도체의 선도자로서의 역할을 기대하여 봅니다.

LX세미콘(뉴스웨이)

반도체

도체인들 어떠하리 부도체인들 어떠하리
도체와 부도체가 얽혀진들 어떠하리
반도체도 이같이 얽혀져 백년까지 누리리

반도체가 작고 작아 일백번 더 작아져
마이크론이 나노되어 무어법칙 있고 없고
집 향한 경박단소야 가실 줄이 있으랴

A semiconductor is a material
which has an electrical conductivity value falling between
that of a conductor and an insulator.

실리콘 반도체-기초 물성과 소자에 관하여

전기전자공학적인 측면에서 고체는 전기가 잘 흐르는 도체, 전기가 흐르지 않는 절연체, 절연체와 도체의 중간에 해당하는 반도체로 분류할 수 있습니다. 도체는 주로 금속으로 구리, 은, 금, 알루미늄과 같은 단일 원소 물질이며 원자에 매우 약하게 속박된 오직 한 개의 가전자(최외각 전자)만을 갖는 경우가 대부분입니다. 절연체는 단일 원소 물질보다는 복합 물질인 경우가 많고 반도체로는 실리콘(Si), 게르마늄(Ge), 탄소(C) 등의 단일 물질과 함께 갈륨비소(GaAs)와 같은 화합물 반도체도 사용됩니다.

고체 화합물들은 화학적 결합을 통해서 만들어지는데 크게 세 가지 유형으로 구분됩니다. 먼저 금속결합은 금속에서 나타나는 결합으로 각각의 금속 원자들에서 제공되는 자유전자들이 금속이온들 사이를 떠돌며 자유전자들과 금속이온들 간의 인력으로 형성되는 결합이죠. 이온결합은 한 원자에서 다른 원자로 전자가 이동하면서 양이온과 음이온이 생성되고, 이들 이온 간에 작용하는 정전기적 힘에 의한 결합입니다. 공유결합은 두 개 혹은 그 이상의 원자들 간에 서로 전자들을 공유하여 이루어지는 결합입니다. 이런 방식으로 재료를 구분하면 금속결합으로 이루어지는 금속과 공유결합이나 이온결합이 주가 되는 세라믹, 기다란 공유결합의 사슬들이 약한 결합으로 연결되어 있는 고분자가 있죠.

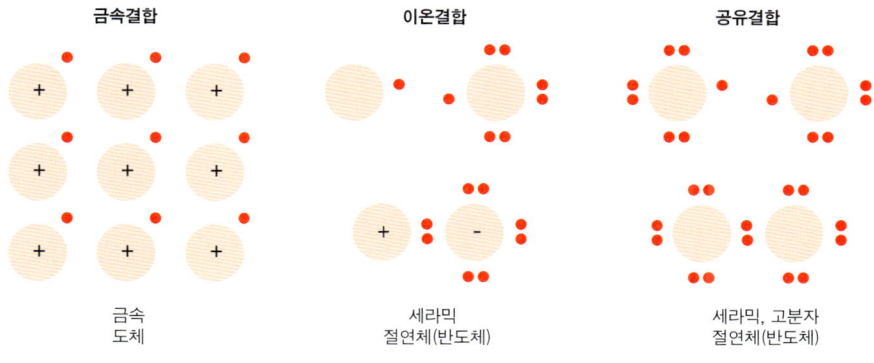

고체 화합물들의 화학결합

먼저 금속결합은 금속 양이온들과 그 사이로 골고루 퍼져 있는 전자들(전자의 바다) 사이의 전기적인 인력으로 이루어진 결합입니다. 즉, 금속 원자의 최외각전자가 비교적 쉽게 자유전자가 되면서 금속 양이온들이 만들어지고 따라서 많은 자유전자들로 인하여 전기전도도가 크죠. 이온결합은 원자가 전자(들)의 주고받음을 통하여 이온이 만들어지고 이온들 간의 정전기 인력을 통하여 이루어집니다.

주로 금속과 비금속 간의 결합이죠. 전자들이 둘 혹은 그 이상의 이온들 사이에서 속박되어 있어 자유전자가 부족하므로 대부분 전기가 잘 통하지 않습니다.

공유결합은 주로 비금속 원소들 간의 결합이며, 안정된 전자 배열을 위해 원자들이 전자를 공유, 즉 함께 소유하고 있습니다. 공유결합을 하는 물질은 이온결합의 경우처럼 전자가 한 원자에서 다른 원자로 이동하는 것이 아닙니다. 전자가 한 원자에 속한 상태에서 다른 원자의 원자핵에도 끌리는 경우이죠. 즉, 전자들은 두 개 원자들의 핵들 모두와 전기적 인력으로 서로 끌어당기고 있습니다. 전자들이 둘 혹은 그 이상의 원자들에 공유, 속박되어 있으므로 전기전도성이 없는 경우가 대부분입니다. 다만, 탄소 원자로만 이루어진 동소체에서 일부는 예외가 되죠. 탄소 원자는 전자가 4개인데, 흑연, 그래핀 등은 탄소 원자들이 각각 주위의 세 개 탄소 원자들과 공유결합이 되어 있습니다. 이로 인해 남게 되는 한 개의 전자는 자유전자가 되어서 전기전도도를 올려 주죠. 가장 흔히 쓰이는 반도체 소재인 실리콘도 공유결합 물질입니다. 이에 더하여 여러 화합물 반도체들, 즉 ZnS, ZnSe, CdS, CdTe 등(II-VI족 화합물), GaP, GaN, AlP, AlAs, InP, InAs 등(III-V족 화합물), SiGe, SiC 등(IV-VI족 화합물)이 대표적입니다. 반도체는 대부분 절연체에 해당하는 세라믹 소재에 자유전자나 정공들을 추가로 공급할 수 있는 불순물들을 첨가하여 만들어집니다. 즉, 반도체는 절연체보다는 높고 도체보다는 낮은 전기전도도를 가지며, 불순물 도핑을 통하여 전도도를 조절할 수 있죠. 그리고 열이나 빛, 자기장과 같은 외부로부터의 자극에 민감합니다.

불순물을 첨가하지 않은 경우를 진성반도체(고유반도체)라 하며 이 안에서는 전자와 정공의 농도가 똑같습니다. 왜냐하면 최외각전자가 에너지를 얻어 떠난 자리가 정공으로 남기 때문이죠. 이럴 때 전자와 정공의 농도를 진성 캐리어 농도로 부르며, 일상에서 이는 온도에 따라 변화합니다. 진성반도체에서 자유전자들의 수는 매우 적기 때문에 전기전도도 역시 낮을 수밖에 없습니다. 전도도를 높이기 위해 앞서 설명하였듯이 불순물을 첨가하여 자유전자나 정공의 수를 늘리는 과정이 도핑입니다.

이와 같이 반도체에서는 불순물을 첨가(도핑)하여 자유전자나 정공들을 공급함으로써 전기전도도를 바꿀 수 있습니다. 예를 들어 실리콘 반도체에서 최외각전자가 5개인 비소(As) 원자의 경우, 실리콘 안에 도핑을 하게 되면 실리콘 원자의 빈자리로 찾아 들어가서 4개의 전자들은 실리콘과 결합을 이루는 데 사용되고, 남은 1개가 자유전자가 되면서 전기전도도를 올립니다. 반면에 갈륨(Ga)의 경우에는 최외각전자가 3개로 자유전자 1개가 부족하여 이 부분이 정공(양의 전하를 띠는 가상 전하)이 되어 역시 양(+)의 캐리어가 되어 전기전도도를 증가시킵니다. 이렇게 불순물이 도핑된 반도체를 외인성 반도체로 부르며, 전기전도도를 높이기 위해 인위적으로 첨가되는 불순물을 도펀트라고 하는데 자유전자의 도핑을 n형 도핑, 정공의 도핑을 p형 도핑이라고 부르죠. 일반적으로 반도체는 IV족(14족)인 경우, n형 도펀트는 주기율표에서 전자가 하나 많은 족인 V족(15족)에 위치하고 p형 도펀트는 전자가 하나 적은 III족(13족)에 위치하게 되며, 각각은 전자를 준다는 의미의 주게(donor)와 받는다는 의미의 받게(acceptor)로 부르기도 합니다. 그리고 격자 내 실리콘의 빈자리를 좇하여 자유전자를 내어놓는 과정이 이온화이며 이온화 과정은 상온에서도 충분히 일어납니다.

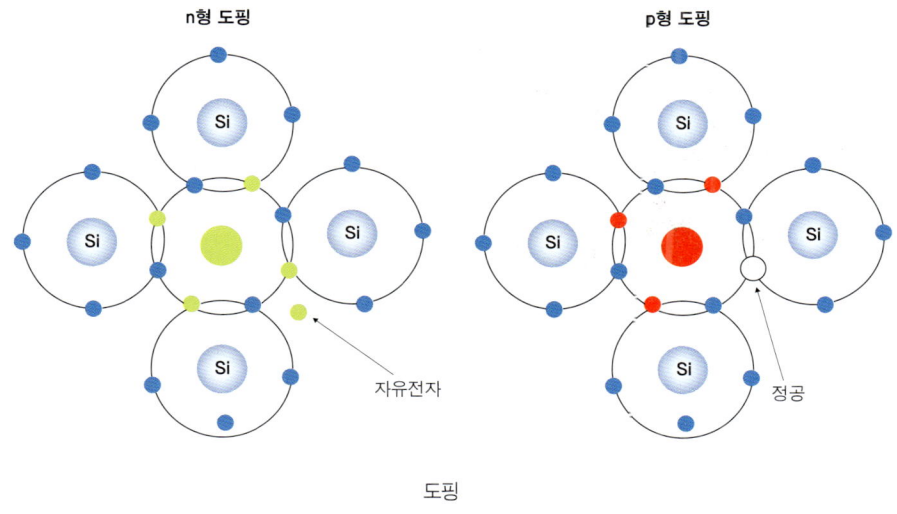

도핑

에너지 관점에서 볼 때 원자 내에서 전자들은 각각 이산적인 에너지준위를 가집니다. 즉, 수직축으로 전자들이 갖는 에너지준위를 나타낸다면 서로 떨어져 있는 선들로 표시할 수 있으며, 원자들의 수가 증가하면서 전자들의 에너지준위를 나타내는 이 선들은 중첩을 피하면서 점점 간격이 좁혀지게 됩니다. 원자들의 수가 더욱 증가하면 결국은 선들 간의 간격이 없는 밴드, 즉 에너지 밴드(에너지 띠)를 형성하게 됩니다. 이러한 에너지 밴드는 전자들로 채워진 가전자대, 전자들이 점유할 수는 있지만 아직은 비어 있는 전도대, 가전자대와 전도대 사이의 전자들이 존재할 수 없는 금지대로 구분이 됩니다. 특히 금지대의 폭을 에너지 갭이라고 합니다. 이를 원자구조의 관점에서 보면 가전자대에는 아직은 핵에 구속되어 있는 최외각전자가 머무르고 있으며, 에너지 갭 이상의 에너지를 얻게 되면 자유전자가 되어 전도대로 올라감을 의미합니다. 반도체에서 에너지 밴드 갭은 약 2eV 이하로 최외각전자는 작은 에너지로도 전도대로 올라가 자유전자가 될 수 있습니다. 심지어 일상의 온도인 상온에서도 적은 수의 가전자들이지만 가전자대에서 전도대로 올라가는 경우도 발생합니다. 하지만 일반적으로 순수한, 즉 불순물을 도핑하지 않은 실리콘의 경우 상온(절대온도 300K)에서는 가전자대의 대부분은 채워져 있고 전도대는 텅 빈 것으로 가정을 합니다. 도핑을 에너지준위 측면에서 볼 때 자유전자의 제공을 위한 n형 불순물의 최외곽 오비탈의 에너지준위는 전도대에 가까운 쪽, 그리고 정공을 위한 p형 불순물의 경우 가전자대에 가까운 준위에 위치합니다. 즉, 작은 에너지로도 각각 전도대와 가전자대에 전자와 정공을 공급하기 위해서죠.

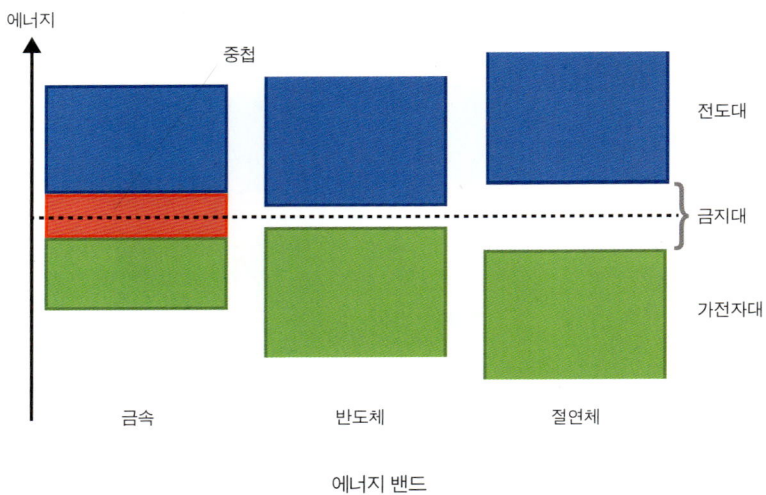

에너지 밴드

이상과 같이 전자가 자유전자가 되기 위한 에너지, 즉 에너지 밴드 갭이 크면 절연체(3~4eV 이상), 작으면 반도체(0.1~3eV 정도), 아예 없으면 금속에 해당합니다. 금속은 가전자대와 전도대가 겹쳐 있어서 최외각전자들은 수시로 자유전자가 됩니다. 이러한 에너지 갭은 그 물질에 대해 빛의 통과 여부와도 관계가 있습니다. 즉, 빛의 에너지가 물질의 에너지 갭보다 크면 빛은 가전자대의 전자를 전도대로 올리는 역할을 할 수 있고, 따라서 여기에 에너지를 소모하면서 물질을 통과하지 못하게 됩니다. 반면에 빛의 에너지가 에너지 갭보다 작으면 빛은 이러한 일을 할 수 없고, 따라서 물질을 통과하거나 다른 일을 하게 됩니다.

밴드 갭과 파장의 관계식은 $Eg = h\nu = hc/\lambda$[eV]이며, 따라서 λ[nm] = hc/Eg = 1240 [eVnm]/Eg[eV]로 나타납니다. 즉, 에너지 밴드 갭이 1240[eV]이면 1[nm] 파장의 빛을 발생시킬 수 있고, 또는 1[nm]보다 긴 파장의 빛을 통과시킬 수 있습니다. 이와 같이 반도체는 인위적으로 캐리어들을 도핑하여 전도도를 제어할 수 있고 또한 여기된 캐리어들이 안정 상태로 복귀하면서 빛이나 열 등 다양한 형태의 에너지나 신호를 만들어내기도 하죠. 따라서 전자 및 광소자를 비롯하여 센서와 에너지원과 같은 입출력 관련 소자들로 매우 중요한 역할을 하고 있습니다.

반도체의 역사는 100여 년이 훌쩍 넘어갑니다. 반도체 공정과 기술에서 대표적인 사건들을 살펴보면, 1916년에 반도체 결정을 성장시킬 수 있는 초크랄스키 공정이 가발되었고, 이후 몇몇 결정 성장법들이 발표되었죠. 1952년에는 전기전도도를 높일 수 있는 확산법이 발표되었고, 1957년에 사진식각 공정용 감광액과 산화막 마스크, 에피택시 단결정층 성장법, 1958년에는 도핑용 이온주입 공정, 1959년에는 하이브리드형 및 모노리식형 집적회로 기술들이 순차적으로 개발되었습니다. 1960년대에는 자기 정렬형 다결정 게이트 구조, 유기금속 화학 기상 증착법 Metal Organic Chemical Vapor Deposition, MOCVD, 1970년대에는 건식 식각 공정, 분자선 화학 기상 증착법, 마이크로프로세서 등이 개발되었죠. 1980년대 이후로 화학 기계적 연마 Chemical Mechanical Polishing, CMP, 구리 배선 공정 등으로 발전하고 있습니다.

반도체 소자의 역사는 1874년의 금속-반도체 접합으로 거슬러 올라가며, 이후로 1907년의 발광 다이오드, 1947년의 그 유명한 쌍극성 트랜지스터, 1949년의 p-n 접합 구조가 있죠. 1950년대에는 태양전지와 이종 접합형 쌍극성 트랜지스터, 터널다이오드 등이 출현하며, 1960년대에는 금속 산화막 반도체 전계 효과 트랜지스터 Metal Oxide Semiconductor Field Effect Transistor, MCSFET, 상보적 금속산화물 반도체 Complementary MOS, CMOS가 발표되었고, 뒤를 이어서 동적 기억소자 Dynamic Random-Access Memory, DRAM들이 등장합니다. 이와 함께 1962년의 레이저, 1967년의 비휘발성 메모리 등이 개발됩니다. 1970년대에는 디지털카메라 등에 사용되는 센서인 전하 결합 소자 Charge-Coupled Device, CCD 등, 1980년대 이후로 넘어오면서 단전자 트랜지스터, 초소형 전자 기계 장치 Micro-Electro-Mechanical System, MEMS, 집적 센서, 나노 스케일급 메모리, 핀 전계 효과 트랜지스터 Fin-based Field-Effect Transistor, FinFET 등으로의 발전이 현재까지 이어집니다.

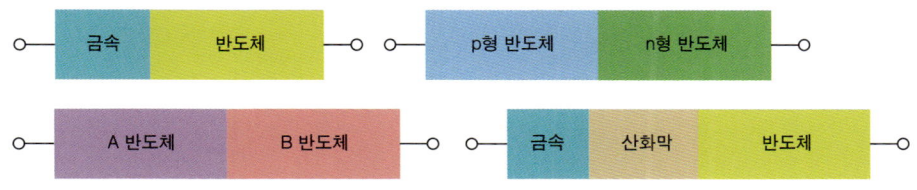

반도체 소자를 구성하는 기본 접합 구조

실리콘 웨이퍼에 만들어지는 반도체 소자들은 실로 다양하지단, 대표적인 것들로는 저항, 다이오드, 커패시터, 트랜지스터, 이들로 이루어진 집적회로, 그리고 MEMS와 센서 등이 있습니다. 특히 전자소자의 경우 네 종류의 주요 접합으로 작동하죠. 금속-반도체 접합, p형 반도체-n형 반도체 접합,

두 종의 서로 다른 반도체 간의 이종 접합, 금속-산화막-반도체 접합이 이에 해당합니다. 이들 4종의 접합들은 따로 또 같이 만들어져서 개별 혹은 융합 기능을 다양하게 수행하죠.

길을 걷다

혼자서는 조심조심
가늠을 하며
'조절-레지스터'

둘이서는 소근소근
방향을 찾아
'정류-다이오드'

셋이서는 왁자지껄
걷다가 멈추고
달려가기도 하며
'스위칭, 증폭-트랜지스터'

전류가 흐른다

Resistors are used to limit the flow of electrical current in a circuit. A diode is a two-terminal device that allows the current to flow in one direction only and blocks the current flow in the opposite direction. Transistors are one of the most essential components in electronic circuits due to their ability to switch and amplify electrical signals.

반도체의 제조 공정-실리콘 웨이퍼 만들기

반도체 소자가 만들어지기까지의 과정을 살펴보면, 논리 설계를 하고 이를 회로 설계로 변환하고 컴퓨터 지원 설계Computer-Aided Design, CAD를 통하여 마스크 패턴을 설계하여 마스크를 먼저 만들죠. 그리고 실리콘 웨이퍼 위에 반도체를 만들어 가기 시작합니다. 즉, 모래로부터 실리콘 웨이퍼를 얻고, 웨이퍼 위에 증착과 패터닝, 식각, 불순물 첨가를 반복하면서 소자를 완성하죠. 웨이퍼로부터 소자를 만들기까지의 공정을 전공정front-end process이라고 합니다. 전공정을 마친 후에는 소자 테스트를 하고 칩으로 잘라내고 도선을 연결하고 패키징을 하죠. 패키징 후에는 다시 성능 평가를 하고 통과가 되면 마침내 후공정back-end process이 완료됩니다. 이로써 우리가 컴퓨터나 휴대폰 안에서 볼 수 있는 반도체 부품들이 완성됩니다.

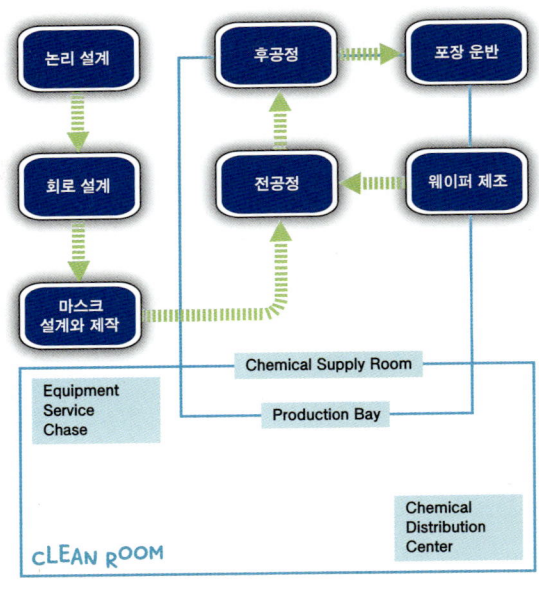

반도체 제조 공정

전공정을 비롯한 반도체 공정들은 기본적으로 청정실 안에서 진행됩니다. 공정이 이루어지는 동안에 작은 먼지 하나라도 웨이퍼 위에 내려앉게 되면 전기 배선들이 끊어지고 여러 개의 소자들이 망가지게 되죠. 청정실의 청정도는 '일정한 체적 안에서의 표준 크기 미립자의 수'로 표시됩니다. 1세제곱 피트(28.3리터) 안에 0.5미크론 이상의 미립자의 수로 나타내죠. 클래스 1,000은 미립자의 수가 천 개 이하, 클래스 100은 백 개 이하입니다. 숫자가 줄어들수록 고청정 구역이라고 할 수 있습니다. 그리고 청정실의 소자 제조 및 생산 공간에는 웨이퍼의 반입, 반출 공간 등 작업자가 실제로 필요로 하는 부분(production bay)만 설치되어 있고, 장비의 가동이나 유지를 위해 필요한 부분은 서비스 공간(equipment service chase), 장비 안으로 공급되는 화학 약품이나 가스 등은 공급실(chemical distribution & supply room)에 설치되어 있습니다. 작업 공간 안으로는 필터를 통하여 정화된 공기가 유입되며, 밖으로 나가는 방식으로 기류가 흐르고 있죠. 기류 방식에는 수직 및 수평 층류, 난류 및 혼류형 그리고 터널형 등으로 다양하지만 필터층을 천장에 설치하고 위에서 아래로 기류가 움직이는 수직층류가 많이 사용됩니다.

다음으로 실리콘 웨이퍼로 이야기를 이어갑니다. 마치 피자를 만들 때 도우 위에 토핑이 올라가듯이 집적회로는 웨이퍼^{wafer}라는 얇은 기판 위에 만들어지죠. 웨이퍼는 반도체 결정을 성장시켜 만든 원형 기둥을 적당한 두께로 얇게 썬 원판을 의미합니다. 웨이퍼의 종류는 기반 물질에 따라 여러 가지가 있으며, 크게 실리콘 기반의 실리콘 웨이퍼와 비실리콘 웨이퍼로 구분됩니다. 그리고 집적회로용 반도체 원소로는 모래에서 추출한 규소(Si), 즉 실리콘^{Silicon}을 가장 많이 사용하고 있습니다. 실리콘은 지구상에 풍부하게 존재하고 있어 안정적인 재료 수급이 가능하고, 독성이 없어 환경적으로도 우수하다는 장점 등을 가지기 때문이죠. 실리콘 웨이퍼를 성능이 낮은 순에서 높은 순으로 보면, 연마^{polished} 웨이퍼→에피^{epi, epitaxial} 웨이퍼→SOI^{Silicon-On-Insulator} 웨이퍼 등으로 나열할 수 있습니다. 각각 반도체의 다양한 요구를 충족시키고 있죠. 물론 실리콘 웨이퍼는 형태적 또는 기능적으로 종류가 다양하며, 광 소자나 광전 소자 등에 사용되는 비실리콘 웨이퍼는 이보다도 종류가 훨씬 더 많습니다. 실리콘 웨이퍼의 크기는 점점 더 증가하여 왔으며 2000년경에 등장한 직경 300mm의 웨이퍼가 지금껏 주류를 이루고 있습니다. 반도체 소자는 일괄 공정으로 제작되며 웨이퍼의 크기가 증가할수록 한 장의 웨이퍼 위에 동시에 만들어지는 칩의 수가 증가하죠.

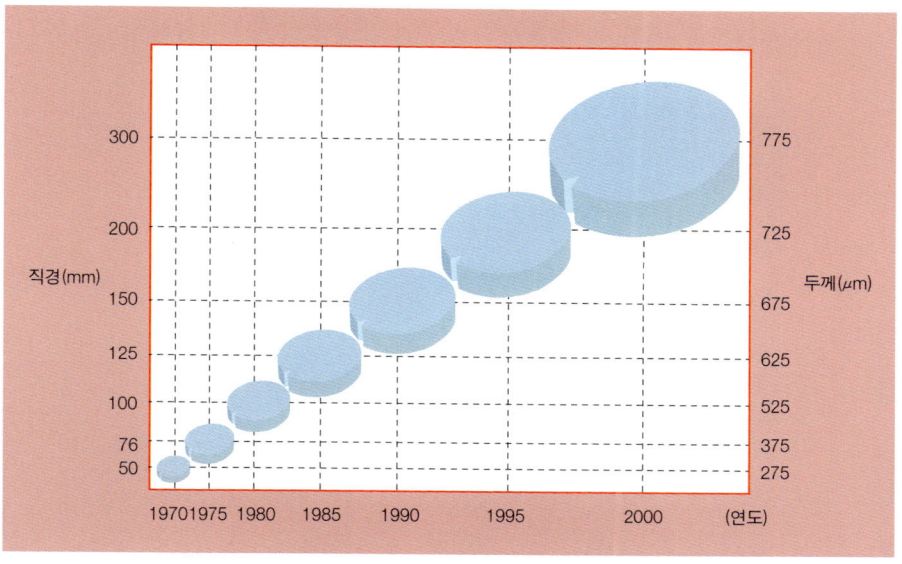

실리콘 웨이퍼 직경의 변화

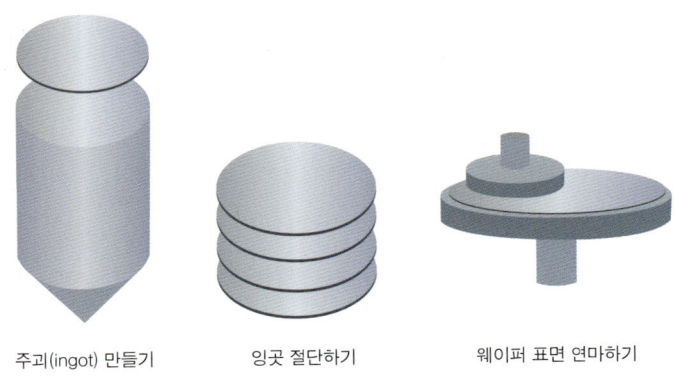

주괴(ingot) 만들기 　　잉곳 절단하기 　　웨이퍼 표면 연마하기

실리콘 웨이퍼 3단계 공정

실리콘 웨이퍼는 모래로부터 실리콘 원소를 추출하여 만들며, 3단계의 공정을 거칩니다. 1단계는 주괴 ingot 만들기입니다. 즉, 모래에서 추출한 실리콘을 반도체 재료로 사용하기 위해서는 순도를 높이는 정제 과정이 필요하죠. 실리콘 원료를 뜨거운 열로 녹여 고순도의 실리콘 용액을 만들고 이것을 결정 성장시켜 굳힙니다. 이렇게 만들어진 실리콘 기둥을 잉곳 ingot 또는 주괴라고 합니다. 수 나노미터의 미세한 공정을 다루는 반도체용 잉곳은 실리콘 잉곳 중에서도 초고순도의 잉곳을 사용합니다. 2단계는 얇은 웨이퍼를 만들기 위해 잉곳 절단하기 wafer slicing 입니다. 원기둥 모양의 잉곳을 원판형의 웨이퍼로 만들기 위해서는 다이아몬드 톱을 이용해 균일한 두께로 얇게 써는 작업이 필요합니다. 잉곳의 지름이 웨이퍼의 크기를 결정하여 150mm(6인치), 200mm(8인치), 300mm(12인치) 등의 웨이퍼가 되죠. 웨이퍼 두께가 얇을수록 제조 원가가 줄어들며, 지름이 클수록 한번에 생산할 수 있는 반도체 칩의 수가 증가하기 때문에 웨이퍼의 두께와 크기는 점차 얇고 커지는 추세입니다. 3단계는 웨이퍼 표면 연마하기 lapping & polishing 입니다. 절단된 웨이퍼는 가공을 거쳐 거울처럼 매끄럽게 만들어야 되죠. 절단 직후의 웨이퍼는 표면에 흠결이 있고 거칠어 회로의 정밀도에 영향을 미칠 수 있기 때문입니다. 그래서 연마액과 연마 장비를 통해 웨이퍼의 두께를 조절하고 표면을 매끄럽게 갈아냅니다.

　　자연에서의 모래는 주로 규암 quartzite 입니다. 이는 규산염 silicate, 즉 실리콘과 산소가 결합한 물질이며 이산화규소 silica 가 주 성분이죠. 이로부터 산소를 떼어내고 실리콘만을 추출합니다. 즉, 이산화규소를 탄소 물질(SiC 등)과 함께 가열하면 일산화실리콘(SiO)과 일산화탄소(CO)가 기체가 되어 날아가고 실리콘만 남습니다. 이 실리콘에는 여전히 일부 불순물이 남아 있으며, 여기에 염화수소를 넣어 반응시키면 수소 기체가 날아가고 실리콘은 염산에 녹아 액체가 됩니다. 이러한 액체, TCS TriChloroSilane 에 열을 가하여 증발시켜 기체로 만들고 이를 수소와 반응시키면 염화수소 기체와 함께 고체 실리콘이 만들어집니다. 이 과정을 통하여 높은 순도의 다결정 실리콘 덩어리들을 얻을 수 있습니다.

　　이렇게 만들어진 고순도 다결정 실리콘은 단결정 실리콘을 얻기 위한 원료로 사용됩니다. 초크랄스키 방법을 통하여 단결정 실리콘 잉곳으로 태어나죠. 다결정들과 함께 3가 혹은 5가 불순물 첨가제 dopant 원료를 도가니에 함께 넣고 약 섭씨 1,500도의 온도에서 용융시킨 후, 작은 단결정 조각 seed을 넣고 회전하면서 서서히 끌어올리면 원기둥 모양의 단결정 실리콘 잉곳이 만들어집니다. 만들어진 잉곳의 모양은 양 끝이 뾰족한 원기둥 모양이며, 최초의 단결정 seed으로부터 아래로 내려오면서 목 neck, 어깨 shoulder, 몸체 body, 원추형 끝단 end cone으로 불립니다. 웨이퍼로 쓰이는 것은 몸체입니다. 잉곳을 만드는 과정에서 실리콘의 결정격자 방향은 용융된 실리콘에서 잉곳을 끌어올리는 작은 단결정의 결정격자 방향을 따라서 액상에서 고상으로 변하는 실리콘 격자들이 줄을 서면서 결정됩니다. 즉, 잉곳의 결정성은 작은 단결정 하나로 정해지죠. 도핑 공정에서 실리콘 원자들의 격자 형태에 따라 침투하는 불순물 원소들의 움직임과 위치가 달라지며, 반도체 소자 내에서 전자의 움직임, 즉 이동도도 결정 방향에 영향을 받습니다.

잉곳의 몸체에는 성장 과정을 겪으면서 일부 불순물들이 포함됩니다. 이들을 일정량 이하로 감소시켜 웨이퍼의 순도를 높이기 위하여 정제 refining를 하죠. 대역 정제법 zone refining의 경우, 불순물을 포함한 물질이 용융 상태인 액체에서 고화할 때 고상 속에 포함되는 불순물의 농도가 액상 속에 포함되

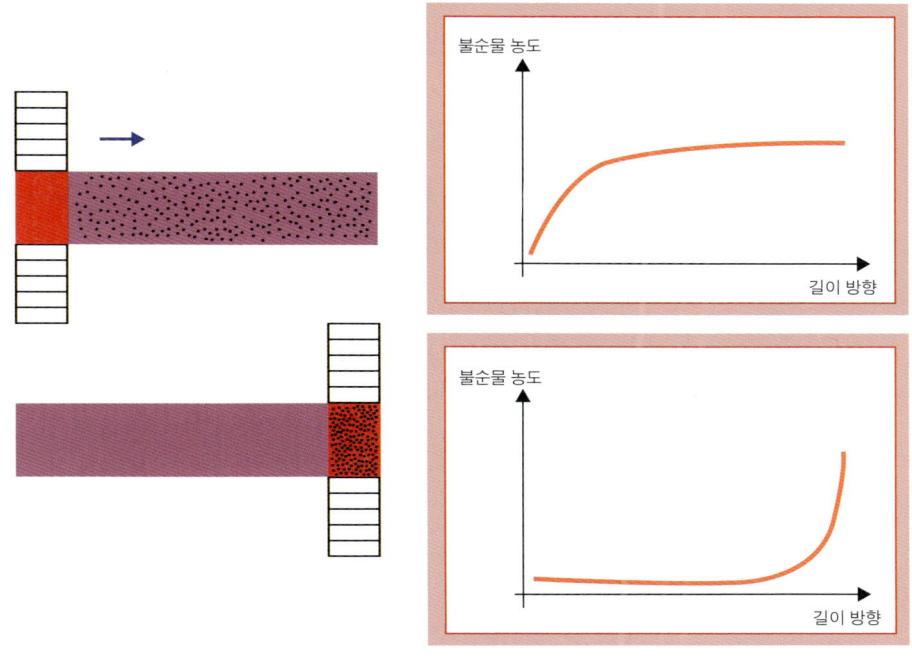

대역 정제법

는 불순물의 농도보다 낮게 배분되는 편석^{segregation}의 원리를 이용합니다. 즉, 용융 영역을 한쪽 끝에서 다른 쪽 끝으로 국부적으로 이동하여 가면서 불순물들을 액체 안으로 모이도록 하여 끝단으로 이동시키는 방법입니다. 횟수를 반복할수록 불순물들은 잉곳의 끝단에 쌓이게 되고, 원하는 순도가 얻어지면 끝단을 제거하고 사용하죠. 다만, 초크랄스키 성장에 이은 대역 정제법의 경우, 실리콘처럼 융점이 높고 용융 상태에서 화학적 활성이 큰 물질에서는 용기로부터의 오염이 문제가 될 수 있습니다. 이 경우 도가니나 보트를 사용하지 않는 성장 및 정제 방식인 부유대$^{Floating Zone, FZ}$ 방법이 있으나, 결정 반경의 방향으로 저항률 변화가 있는 약점 또한 존재합니다.

고순도로 얻어진 잉곳의 몸체 부분은 표면을 다듬고, 기준면을 만들고, 얇게 잘라내고, 표면을 연마하는 과정 등을 거쳐 최종 웨이퍼로 완성됩니다. 이상의 과정을 순서대로 표현하면 다음과 같습니다. (1) 고순도 다결정 실리콘을 석영 도가니에 채우는 공정(polysilicon stacking), (2) 다결정 실리콘을 고온으로 녹인 뒤 단결정 실리콘 잉곳으로 성장시키는 공정(ingot growing), (3) 잉곳의 표면을 매끄럽게 다듬은 뒤 블록 단위로 절단하는 공정(ingot grinding & cropping), (4) 잉곳 블록을 낱장의 웨이퍼로 절단하는 공정(ingot sawing), (5) 웨이퍼의 가장자리 형상을 가공하는 공정(edge grinding), (6) 웨이퍼의 표면을 매끄럽게 다듬고 평탄하게 만드는 공정(lapping), (7) 웨이퍼 표면의 가공 데미지를 화학작용을 이용해 제거하는 공정(etching), (8) 웨이퍼 표면의 작은 굴곡을 제거하는 공정(double side grinding), (9) 정밀 가공을 통해 웨이퍼 미세 굴곡을 제거하는 공정(polishing), (10) 웨이퍼 표면의 불순물을 제거하는 공정(cleaning), (11) 웨이퍼의 형상과 평탄도 등의 품질을 검사하는 공정(inspection), (12) 웨이퍼 표면의 결함을 검사하는 공정(particle counting), (13) 웨이퍼 위에 실리콘 단결정 층을 증착하는 공정(epitaxial growing), (14) 충격, 먼지, 습기로부터 보호하기 위해 제품을 포장하는 공정(packing). 이상의 과정을 통하여 실리콘 웨이퍼가 만들어지며, 웨이퍼의 전도 타입(n형, p형)과 결정성은 1차 및 2차 기준면$^{reference flat}$을 참조로 알 수 있습니다.

완성된 연마 웨이퍼는 한쪽 면만을 연마한 것과 양면을 연마한 것으로 나뉘는데, 직경 12인치(300mm)부터는 단면보다는 양면 연마 웨이퍼가 주로 쓰이고 있습니다. 이렇게 생산된 연마 웨이퍼를 이용하여 성능이 좀 더 뛰어난 파생 웨이퍼들인 에피 웨이퍼나 SOI 웨이퍼 등이 만들어집니다. 그리고 얇은 두께의 웨이퍼가 필요하거나 일반적인 두께의 웨이퍼를 재생할 경우에도 연마를 하여 웨이퍼 두께를 감소시킵니다. 웨이퍼를 쓰임새별로 들여다보면, 프라임^{prime} 웨이퍼, 테스트^{test} 웨이퍼, 더미^{dummy} 웨이퍼, 재생 웨이퍼 등이 있는데, 생산에 실질적으로 투입되는 웨이퍼는 프라임 웨이퍼입니다. 테스트 웨이퍼는 프라임 웨이퍼를 생산 라인에 투입하기 전에 공정의 이상 유무를 미리 점검하는 척후병 역할을 하고, 더미 웨이퍼는 공정에 프라임 웨이퍼와 같이 투입되기는 하지만 앞과 뒤에서 프라임 웨이퍼를 보호하는 역할을 하죠. 이렇게 만들어진 실리콘 웨이퍼 위에 반도체 전공정을 통하여 집적 회로칩을 만들고, 다음으로 후공정 과정을 거쳐 반도체 소자가 완성됩니다.

동그란 세상

동그란 지구 위에
사람 사는 집들이 있고
동그란 네 얼굴에
내가 사는 이유가 있다

동그란 웨이퍼 위에
전하가 사는 칩들이 있고
동그란 이어짐에
반도체가 있는 이유가 있다

A wafer is a thin slice of semiconductor in electronics, such as a crystalline silicon (c-Si), and serves as the substrate for integrated circuit built in and upon the wafer.

반도체의 제조 공정-웨이퍼로부터 칩까지

반도체, 전공정

　설계와 공정 개발이 완료되면 반도체 제조로 들어섭니다. 반도체 핵심 공정은 순서대로 웨이퍼 제조 공정, 산화 공정, 포토 공정photolithography, 식각 공정, 증착 공정, 도핑(확산, 이온주입) 공정, 금속 배선 공정, 웨이퍼 자동 선별Electrical Die Sorting, EDS 공정, 패키징 공정입니다. 여기에서 산화 공정부터 웨이퍼 자동 선별 공정까지를 전공정frond-end process이라 합니다. 즉, 웨이퍼 위에서 먼저 행하여지는 공정이죠. 물론, 공정은 한쪽 방향으로만 진행되는 일방향 공정이 아니라, 설계하고 마스크를 만들고 공정을 진행하고 그리고 공정 후 테스트를 통하여 성능 미흡이나 불량 시 다시 처음으로 돌아가기도 하고, 혹은 공정 과정에서 증착, 포토 공정 후 식각, 패터닝, 도핑 과정을 거쳐 증착 과정으로 돌아가기도 하는 폐루프로도 진행이 됩니다.

　전공정에서 실리콘 웨이퍼 자체가 기반 원료층 역할로 소진되면서 성장되는 단결정 실리콘층의 에피택시 공정과 열 산화 공정을 묶어서 확산diffusion, 즉 반응 원자들이 실리콘 기판의 내부로 확산하여 들어가는 공정으로 칭하기도 합니다. 그리고 포토 공정과 포토 공정 후 막의 식각 공정을 더하여서 사진식각 공정이라고도 하죠. 증착 공정에 금속 배선 공정을 포함시키기도 합니다. 이러한 공정들을 통하여 웨이퍼 위에는 다이오드, MOSFET, CMOS 소자들과 이들의 집적회로가 제작됩니다.

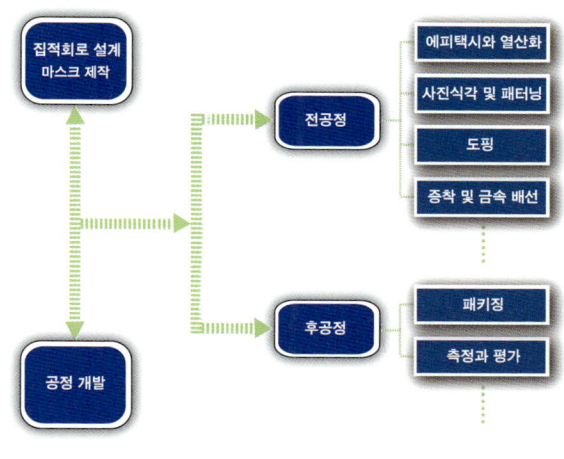

반도체 공정

마스크 제작

　반도체 공정에서 마스크mask는 사진식각 공정에서 사용하며, 석영이나 유리와 같은 투명한 기판 위에 레이 아웃된 패턴들이 그려져 있습니다. 즉, 포토 공정마다 해당되는 마스크를 감광제가 코팅된 웨이퍼 위에 정렬하고 노광 후 현상, 식각을 하여 웨이퍼 위의 박막이나 구조들을 패터닝하죠. 이는

마스크 제작

감광 물질이 도포된 기판에 패턴을 묘사할 수 있게 해 준다는 점에서 사진의 필름과 유사한 역할을 한다고 볼 수 있습니다. 간단한 소자인 경우에는 몇 장 정도의 마스크로 만들어지지만, 회로가 복잡해질수록 마스크의 수도 증가하여 많게는 수십 장의 마스크들이 집적회로의 제작에 사용되고 있습니다.

마스크를 제조하기 위해서는 먼저 투명한 석영 기판에 크롬과 같은 금속 박막을 코팅하고 감광제를 도포한 뒤, 레이저 빔이나 전자선으로 CAD 패턴을 묘사하고 크롬을 선택적으로 식각, 제거하여 원하는 패턴을 형성합니다. 이를 바로 마스크로 사용할 수도 있지만, 일반적으로는 레티클로 사용하죠. 레티클은 실제 원하는 패턴보다 10배 정도 큰 패턴이 먼저 만들어진 판으로, 이를 10분의 1로 축소한 패턴을 마스크 기판 위에 반복적으로 전사하여서 마스크 원판을 만들어 가는 중간 과정입니다. 최종적으로는 웨이퍼 위에 만들고자 하는 패턴과 일대일로 대응되는 패턴이 형성된 마스크가 만들어지죠. 이와 같이 CAD 시스템으로부터의 데이터가 전자선의 움직임을 제어하면서 마스크 원판 위에 묘사하는 공정은 클래스 100 수준의 고청정 환경, 노란색 조명 아래에서 이루어집니다. 노란색 빛은 감광제에 영향을 주지 않기 때문이죠.

에피택시와 열 산화

고온 전기로는 반도체 공정에서 기본이 되는 장비입니다. 고온 전기로 안에 웨이퍼를 넣고 온도를 올린 뒤 반응 기체들을 흘리면 에피택시, 열 산화, 증착, 확산, 열처리, 합금 공정 등 다양한 공정들을 행할 수 있습니다. 특히 고온에서 이루어지는 공정이 에피택시와 열 산화입니다. 에피택시는 웨이퍼 위에 단결정층을 성장시키는 공정입니다. 이 과정에서 웨이퍼 표면은 시드 결정 seed crystal 의 역할을 하며, 성장되는 결정은 웨이퍼와 같은 결정 구조와 방향성을 가지게 되죠. 실리콘 반도체 공정에서는 보통 전도 형태 type 나 전도도가 크게 다른 영역을 제공하기 위해 사용됩니다. 이러한 에피택시 공정은 실리콘 웨이퍼 제조 업체로부터 수행되어 제공되는 경우도 많습니다.

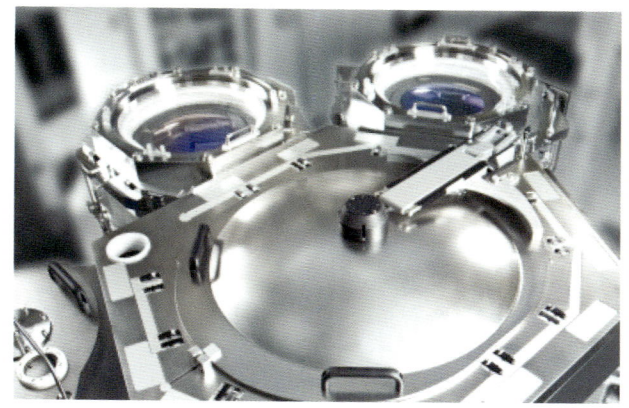

에피 택시

산화 공정을 거치는 이유는 웨이퍼에 절연막 역할을 하는 실리콘 산화막을 형성하여 회로와 회로 사이에 흐를 수 있는 누설 전류를 막기 위해서입니다. 산화막은 또한 식각 공정에서 특정 영역을 식각으로부터 보호하는 식각 방지막 역할, 도핑 공정에서 역시 일정 영역의

열 산화

도핑을 막아 주는 도핑 방지막 역할도 합니다. 특히, 양질의 산화막을 얻기 위해서는 낮은 온도에서 실리콘과 산소를 각각 함유한 기체들 간의 반응을 이용하는 증착 deposition 보다는 높은 온도에서 산소나 물 분자가 실리콘 웨이퍼의 표면에 용해되어 내부로 확산되면서 실리콘 원자들과 반응을 하는 열 산화 thermal oxidation 가 더 효과적입니다. 예를 들어 열 산화막은 물 위에 얼음이 어는 경우이며, 증착은 얼음 위에 눈이 쌓이는 경우에 해당한다고 생각할 수 있습니다. 여기에서는 고온에서의 열 산화 공정을 설명합니다.

열 산화 공정은 대략 섭씨 800도에서 1,200도 정도의 범위에서 일어납니다. 이러한 고온의 전기로 안에 웨이퍼를 놓고 산소나 수증기를 흘려주면 이들이 실리콘 표면으로부터 내부로 용해 그리고 확산이 일어나면서 실리콘 원자와 반응하여 실리콘 산화막이 성장됩니다. 산소를 이용한 경우를 건식 산화^{dry oxidation}, 수증기를 이용한 경우를 습식 산화^{wet oxidation}라 하죠. 성장 속도는 느리지만 밀도가 높은 산화막이 필요한 경우에는 건식 산화를 하고, 반면에 밀도는 다소 낮더라도 빠른 성장이 필요한 경우에는 습식 산화를 합니다. 이는 산소에 비해 수증기가 더 큰 용해도를 갖기 때문이죠. 그리고 성장된 열 산화막 두께의 45% 정도는 실리콘 웨이퍼를 잠식하면서 얻어집니다.

사진식각 및 패터닝

사진식각 공정^{photolithography & etching}은 감광막^{photoresist}이 도포된 웨이퍼에 마스크를 정렬한 다음 자외선과 같은 빛 에너지를 조사^{exposure}하게 되면 자외선에 노출된 감광막의 특성이 변하여 현상^{development} 과정에서 선택적으로 패터닝이 됩니다. 다음 단계로 식각^{etching}이나 도핑 과정이 진행되는데, 선택적으로 패터닝된 감광막에서 열린 부분에 대해 식각액이나 도핑용 불순물들이 들어갈 수 있어 웨이퍼의 선택적인 식각이나 도핑이 가능해지죠. 이는 마치 필름 사진을 찍을 때 필름 역할을 하는 마스크가 있고, 이를 통하여 웨이퍼 위에 사진처럼 형상이 만들어지고, 이 형상을 이용하여 선택적인 식각 등이 일어난다고 하여 이러한 공정을 사진식각 공정이라고 합니다.

사진식각 공정은 감광막이 영향을 받지 않는 노란색 조명의 청정실에서 행하여지며, 기본적으로 감광막 도포, 마스크 정렬, 자외선 조사, 현상, 감광막 경화, 식각 과정으로 진행됩니다. 감광막을 도포하는 방식은 기본적으로 스핀 코팅^{spin coating}이 사용되나 이외에도 분사 코팅^{spray coating}이나 노즐을 이용한 슬롯 다이 코팅^{slot die coating} 등이 있습니다. 그리고 마스크의 정렬 및 자외선 조사 방식에도 밀착^{contact} 방식, 근접^{proximity} 방식, 투사^{projection} 방식이 있는데, 정밀도와 함께 패턴의 손상이나 마스크의 수명, 노광 장비의 성능과 가격 등을 고려하여 선택을 합니다. 감광제도 자외선 노출^{exposure} 후 현상^{development} 과정에서 노출 영역이 제거되면 양성^{positive}, 노출 영역이 남고 노출되지 않은 영역이 제거되면 음성^{negative}으로 구분이 됩니다. 고분자 구조에서 보면 양성 감광제에서 제거되는 영역은 열경

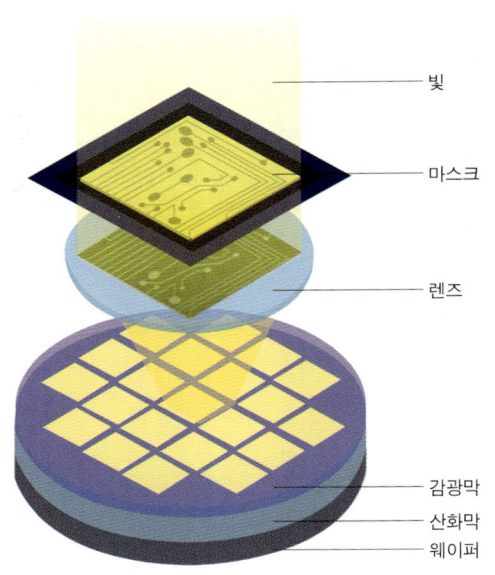

빛을 통해 웨이퍼 위에 회로를 그려 넣는 포토리소그래피

화성thermoset에서 열가소성thermoplastic으로 변화되며, 음성 감광제의 경우에는 반대로 되죠. 그리고 현상 과정을 통하여 패터닝된 감광막은 패턴 정밀도를 세밀하게 평가하여 다음 공정에서 문제가 없어야 합니다.

　패터닝된 감광막에 열을 어느 정도 가하여 경화시킨 후 이를 식각 마스크etching mask로 하여 감광막 아래 물질에 대한 식각etching이 진행됩니다. 식각 공정은 용액과의 화학적 반응을 이용하는 습식 식각wet etching과 에너지가 큰 이온성 기체와의 물리적 충돌과 화학적 반응을 수반하는 건식 식각dry etching으로 구분됩니다. 습식 식각 방법에는 분사 혹은 분무spray 방식과 담금immersion 방식 등이 있으며, 건식 식각은 플라즈마 반응성 이온 식각Reactive Ion Etching, RIE 또는 이온 밀링 등을 이용합니다. 습식 식각의 경우, 공정 장비와 가격 부담이 적고 식각률이 높으며 물질에 따른 선택도가 우수한 반면, 미세 패턴 제작이 어렵고 용액 사용에 따른 위험성과 환경 유해성 면에서 불리합니다. 건식 식각은 미세 패턴 제작과 패턴 정밀도가 우수한 반면, 장비 설치 비용이 상대적으로 높고 시간당 처리량throughput이 상대적으로 낮으며 선택도 그리고 전자기 방사에 의한 손상radiation damage에 관한 우려도 있죠.

도핑

　도핑doping은 절연체에 가까운 진성반도체에 인위적으로 불순물을 넣어 전기전도도를 높이는 과정입니다. 즉, 4가인 실리콘 안으로 5가인 비소(As)를 넣으면 자유전자가 만들어지고, 3가인 붕소(B)를 넣으면 정공이 만들어지죠. 이렇게 도핑을 하는 방법에는 높은 온도에서 불순물을 함유한 기체들이 실리콘 웨이퍼 안으로 녹아 들어가서(용해), 농도 차이로 인하여 내부로 자연스럽게 이동하도록 하는 확산diffusion법이 있고, 에너지가 높은 원자(이온)들을 웨이퍼 표면을 관통, 내부로 반강제적으로 집어넣는 이온주입ion implantation법이 있습니다. (☞37쪽 도핑 그림 참조)

　확산 공정의 경우, 웨이퍼들이 배치된 고온의 전기로 안으로 불순물을 함유한 기체를 넣어 열분해된 불순물이 웨이퍼의 표면에 흡착되어 용해 과정을 거쳐 확산되도록 하는 방법이 있으며, 기체를 대신하여 고체 확산원을 웨이퍼와 마주보도록 배치하는 방법도 있습니다. 기본적으로 웨이퍼의 표면에 불순물층이 형성되도록 하는 사전 증착predeposition, 그리고 이렇게 형성된 불순물층으로부터 실리콘 내부로 불순물들이 용해 후 확산되도록 하는 재분포redistribution 두 개의 연속 과정으로 이루어집니다. 사전 증착 과정에서는 불순물이 무한하게 공급되며, 재분포 과정에서는 한정적인 양이 공급되죠. 이러한 차이와 공정 조건, 즉 온도와 시간 등을 설계, 조절하여 웨이퍼 내에서 불순물 도핑 영역의 프로파일, 표면 저항과 접합 깊이 등을 결정합니다.

이온주입 공정의 경우, 원자 또는 분자를 이온화하여 적절한 에너지로 가속시켜 웨이퍼 안쪽으로 원하는 깊이만큼 이르게 한 뒤, 열처리를 하는 과정입니다. 이온주입 장치는 이온원^{ion source}, 이온 분리용 자석^{ion exraction & seperation magnet}, 빔 제어용 슬릿^{beam control slit}, 가속관^{acceleration tube}, 수직-수평 주사 장치^{vertical-horizontal scanner}, 공정 영역^{process area}으로 구성됩니다. 보통 가속 에너지는 20keV~50MeV, 이로 인한 주입 깊이는 10nm~수μm까지 이르죠. 불순물의 농도와 도달하는 깊이는 주입량과 에너지로 결정을 하며, 주입된 불순물들이 지나가는 경로는 충돌 등으로 인하여 결정질이 파괴되어 거의 비정질 상태로 손상되므로 이를 복구하기 위한 열처리 과정이 수반되어야 합니다. 특징으로는 확산에 비하여 공정 시간이 짧고, 공정 온도도 낮으며(열처리 온도, 섭씨 900~1,000도), 도핑 수준의 조절 범위가 상대적으로 넓습니다.

증착 및 금속 배선

증착, 특히 반도체 공정에서의 박막 증착^{thin film deposition}은 웨이퍼 위에 얇은 막들을 만드는 과정입니다. 여기에는 단순한 물리적 충돌과 쌓임으로 진행되는 물리적 증착과 화학반응을 수반하는 화학적 증착이 있죠. 물리적 증착법으로는 증착원에 열에너지를 가하여 기체 상태로 만들어 웨이퍼에 이르게 한 뒤 온도를 낮춰 고체 상태의 막으로 돌아오게 하는 증발^{evaporation}과 에너지를 가진 이온이 증착원과 물리적으로 충돌하여 이로부터 결합이 끊어진 원자들이 웨이퍼 표면으로 이동하여 쌓이게 하는 스퍼터링^{sputtering}이 대표적입니다. 열에너지는 저항 가열이나 혹은 전자선을 이용하여 제공되죠. 화학적 증착법으로는 서로 다른 기체들이 에너지를 얻어 화학반응을 일으킴으로써 반응 생성물이 웨이퍼 위에서 막을 형성합니다. 이때 반응 에너지원은 열이나 플라즈마 등을 사용하죠.

증발^{evaporation}의 경우, 증발원을 보트에 넣고 보트나 필라멘트를 가열하여 증발원을 승화시켜서 웨이퍼에 박막을 형성하죠. 이때 저항 가열 대신에 전자선을 사용하기도 합니다. 스퍼터링의 경우, 아르곤과 같은 이온들로 이루어진 플라즈마를 생성하고 이온들이 에너지를 얻어 타겟^{증착원, target}과 물리적으로 충돌합니다. 충돌 과정에서 이탈된 타겟의 원자들이 웨이퍼 위에 쌓이면서 박막을 형성하죠.

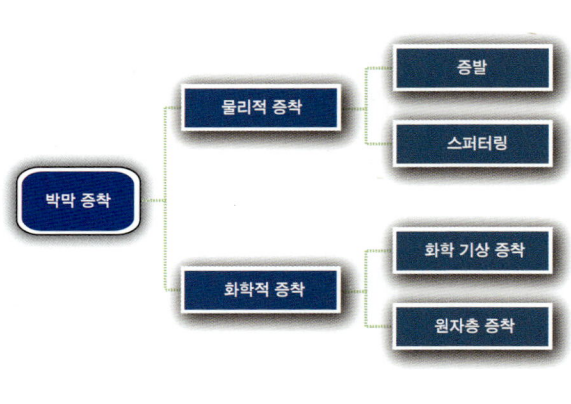

증착

화학적 증착인 화학 기상 증착Chemical Vapor Deposition, CVD에서는 기체들이 반응실로 들어오고 (convection), 웨이퍼의 표면에 흡착되어(absorption), 화학 반응을 하죠(reaction). 반응으로 만들어진 분자들은 표면에서 이동을 하면서(surface diffusion) 결합이 이루어지며 결정막을 만들어 갑니다(crystal film growth). 만들어지는 막은 주로 단결정 박막이지만 기판의 결정성이나 상태에 따라 다결정 박막이나 비정질막 등이 형성되기도 하죠. 반응에 참여하지 않은 기체들은 떨어져 나와(desorption) 외부로 배출됩니다(exhaust). 원자층 증착Atomic Layer Deposition, ALD은 반응 기체의 유입부터 반응 후 박막 생성, 그리고 잔류 기체의 배기를 사이클로 하여 한 사이클이 끝나면 다음 사이클이 시작되면서 원자층들을 차곡차곡 쌓아가는 방식으로 밀도가 높고 우수한 결정성을 갖는 막을 만들 수 있습니다. 화학 기상 증착에서 높은 공정 온도를 피하고 싶을 때는 반응을 위한 에너지로 열 대신 플라즈마를 사용합니다. 이러한 PE-CVDPlasma-Enhanced CVD 공정에서는 반응 기체들이 들어오면 이를 전기장으로 분리, 전구체precursor를 형성하여 웨이퍼에 흡착이 일어나도록 한 뒤, 전구체의 이동과 표면에서의 반응을 중심으로 막이 만들어집니다. 만들고자 하는 막의 종류와 증착 방식에 따라 다양한 반응 기체들이 사용되죠.

반도체 소자에서 전극으로 사용되는 금속 배선들도 이러한 박막 증착에 의해 막이 만들어지고, 다음으로 사진식각 공정을 통하여 패터닝됩니다. 금속 전극용 증착 방식은 증발, 스퍼터링, 화학 기상법까지 다양하며, 이를 통하여 금속 혹은 합금이나 실리콘이 첨가된 금속 배선들이 제조됩니다.

전공정 후공정

칩이 나오기 전까지는
웨이퍼 안의 전공정
칩이 나온 후부터는
패키징을 겪는 후공정

집을 나오기 전까지는
부모 품 안의 얼굴
집을 나온 후부터는
세월을 겪는 얼굴

The semiconductor fabrication process is split into
two main stages; the front-end process and the back-end process.
The front-end process refers to
the manufacturing of wafers and engraving circuits and
the back-end process consists of packaging and testing.

반도체의 제조 공정-칩부터 패키지까지

반도체 후공정, 패키징

웨이퍼는 반도체 칩이 되기까지 세 번의 변화 과정을 거칩니다. 바닷가 모래로부터 얻어지는 잉곳을 잘라 웨이퍼로 만들고, 전공정을 통해 웨이퍼에 소자와 회로가 제조되고, 끝으로 웨이퍼가 개별 반도체 칩들로 분리되면서 비로소 반도체 칩이 됩니다. 여기까지가 전(前)공정, 여기서부터가 후(後)공정입니다.

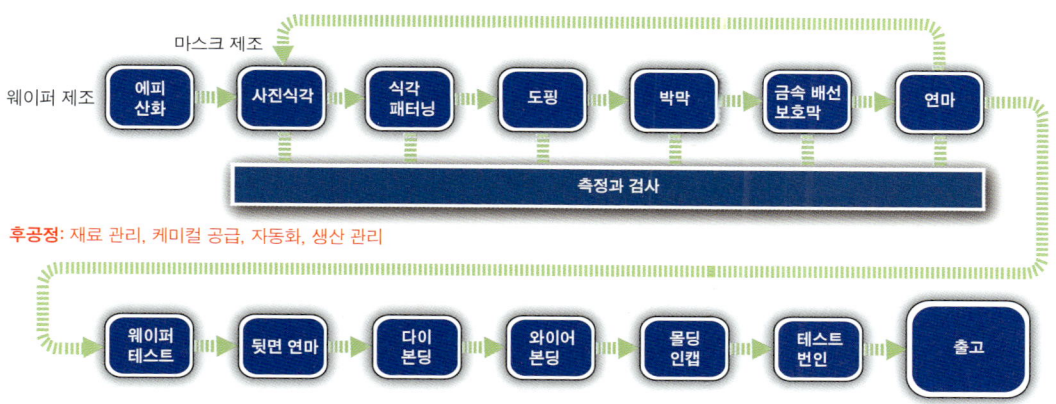

반도체 전공정과 후공정

반도체 후공정인 패키징 packaging, encapsulation 공정은 칩을 포장하는 과정에 해당합니다. 외부 환경으로부터 칩을 보호하면서 칩으로부터 외부로 전기적인 신호의 나들목 기능이 있어야 하죠. 물론 칩을 원활히 작동시키기 위한 전력의 공급도 있어야 합니다. 이에 더하여 칩으로부터 발생하는 열을 방출하고, 외부로부터의 전자기파나 다른 불필요한 에너지들을 차단하여야 합니다. 패키징 기능은 반도체의 성능과 함께 경박단소輕薄短小화를 지향하는 결정적인 분야로 반도체 칩에 못지 않은 관심을 가지면서 발전하여 왔고 지금도 진행 중입니다.

일반적인 패키징 공정은 백 그라인딩 back grinding〉다이싱 dicing〉다이 본딩 die bonding〉와이어 본딩 wire bonding〉몰딩 molding 순으로 진행됩니다. 이러한 공정들은 패키징 기술의 변화에 따라 그 순서가 바뀌거나 서로 밀접하게 연결되어 합쳐지기도 하죠. 패키징에는 크게 세라믹 판이나 금속 뚜껑을 붙여 봉합

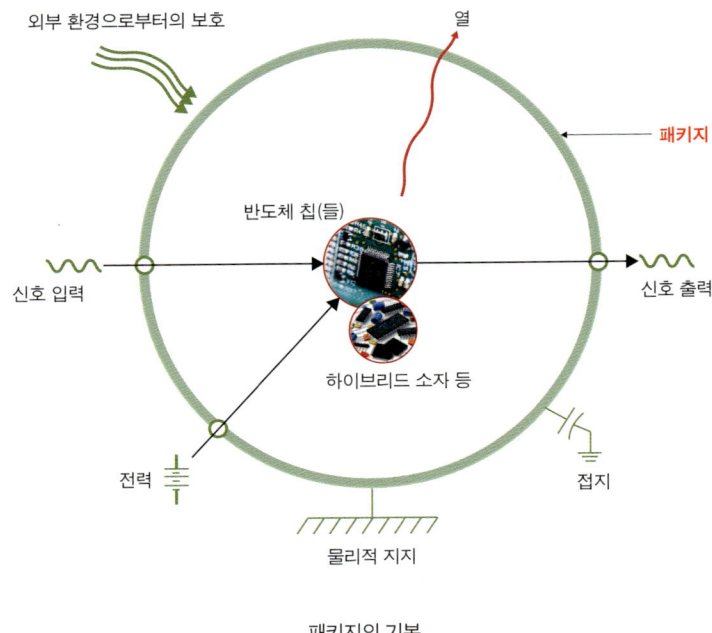

패키지의 기본

하는 밀봉hermetic 방식과 에폭시를 녹인 후 경화시켜 봉합하는 몰딩molding 방식이 있습니다. 패키징 기술과 재료의 발전에 따라 이제는 밀봉 방식보다는 대부분 에폭시 수지Epoxy Molding Compound, EMC를 이용한 몰딩 방식을 사용합니다. 이러한 몰딩 공정은 반도체 칩에 수지resin를 채우는 방식에 따라 이송 성형transfer molding과 압축 성형compression molding 으로 구분됩니다.

백 그라인딩에서 몰딩까지

전공정 완료 후 웨이퍼 테스트를 마친 웨이퍼는 먼저 백 그라인딩을 시작으로 후공정을 진행합니다. 백 그라인딩이란 웨이퍼의 후면을 얇게 갈아내는 단계를 말합니다. 전공정을 거치며 오염된 부분을 제거하고, 칩의 두께를 줄이기 위함이죠. 백 그라인딩은 총 세 가지 세부 공정으로 나뉘어 진행됩니다. 먼저 웨이퍼에 테이프를 붙이는 테이프 라미네이션tape lamination을 진행한 뒤, 본격적으로 웨이퍼의 후면을 연삭grinding합니다. 그리고 웨이퍼를 테이프 위에 올려놓는 웨이퍼 마운팅mounting을 진행하죠. 웨이퍼 마운팅은 실질적으로 칩을 분리chip saw하기 위한 준비 단계이므로, 이를 다이싱 공정에 포함하기도 합니다.

웨이퍼를 개별 칩으로 나누는 것이 다이싱 작업이며, 이러한 웨이퍼의 개별칩화를 싱귤레이션

singulation이라고 하고, 칩들을 개별적으로 잘라내는 것을 다이 소잉die sawing이라고 합니다. 칩 싱귤레이션에는 다양한 방법들이 있죠. 스크라이브 다이싱scribe dicing으로 반 정도 깊이로 웨이퍼 표면에 홈을 낸 다음에 부러뜨려서 개별 칩으로 분리하고, 블레이드 다이싱blade dicing, blade sawing은 블레이드를 두세 번 연속으로 이용하는 방식으로 빠른 시간 내에 많은 양의 웨이퍼를 잘라낼 수 있다는 장점이 있습니다. 연마 전의 다이싱Dicing Before Grinding, DBG에서는 1차 블레이딩을 실시한 후에 백 그라인딩으로 웨이퍼 두께를 얇게 조절하면서 칩이 분리될 때까지 연삭을 계속해 나가는 방식입니다. 웨이퍼의 직경이 12인치로 늘어나고 두께가 얇아지면서 균열 등의 문제를 해결하기 의해 도입하였죠. 레이저 다이싱laser dicing은 WLCSPWafer Level Chip Scale Package 공정에 적용하는데 주로 두께가 얇은 웨이퍼용으로 레이저를 웨이퍼의 스크라이브 라인에 쬐어서 가공합니다. 플라즈마 다이싱plasma dicing은 플라즈마 식각을 이용한 방식으로 친환경적이며, 웨이퍼 전체에 일시에 적용하기 때문에 칩당 싱귤레이션 속도도 빠릅니다. 웨이퍼의 두께가 $100\mu m$ > $50\mu m$ > $30\mu m$로 매우 얇아지면서, 개별 칩으로 분리하는 다이싱 방식도 브레이킹 > 블레이딩 > 레이저 > 플라즈마로 변천하고 있습니다.

다이싱 테이프에 붙은 칩들을 개별적으로 떼어내는 작업이 픽업pick up이고 픽업한 칩을 패키지 기판에 놓는 것을 플레이스place라고 합니다. 픽 앤 플레이스pick & place라 불리는 두 동작은 모두 다이 본더에서 진행하죠. 다이 본딩은 칩을 패키지 기판에 '접착'하는 공정입니다. 종래의 방식에는 다이 본딩die bonding, die attach과 와이어 본딩wire bonding이 있으며, 1960년대 말 IBM에서 개발한 플립 칩 본딩flip chip bonding을 시작으로 발전해 왔죠. 와이어 본딩의 초기에는 캐리어 기판으로 리드 프레임을 사용하였으나 인쇄 회로 기판Printed Circuit Board, PCB이 주류가 되었습니다. 칩 위의 패드에 와이어를 연결하는 방식으로는 열압착식, 초음파식 그리고 열과 초음파를 모두 이용하는 열초음파 복합식 등이 있죠. 플립 칩 본딩은 다이 본딩과 와이어 본딩의 결합으로 칩을 뒤집은 상태에서 아래로 향한 칩 위의 패드에 범프를 형성하고 용융과 냉각 과정을 거쳐 칩과 기판을 전기적으로 연결합니다. 이와 같이 칩과 외부 리드 간의 전기적인 연결을 위해 금속 선으로 연결하는 와이어 본딩, 와이어 대신 솔더 범프를 이용하는 플립 칩 본딩 그리고 칩에 구멍을 뚫어 위 아래 칩들과 인쇄 회로 기판 등을 상호 연결하는 실리콘 관통 전극Through Silicon Via, TSV 방식들로 발전하고 있습니다.

끝 단계인 몰딩에 있어서 주 재료인 EMCEpoxy Molding Compound는 플라스틱의 일종으로, 수지라는 레진resin 계통의 물질에 필러와 경화제가 섞여 있습니다. 에폭시를 젤 상태로 녹여 점성을 낮춘 뒤 온도를 내리면서 경화시키죠. 경화 과정에서 인쇄 회로 기판이나 리드 프레임, 와이어, 웨이퍼 등과 강한 결합력을 가지는 열경화성 물질이 됩니다. 성형 방식으로는 일정 압력을 인가하여 에폭시를 좁은 통로로 이동시키는 이송 성형, 여기에 진공 상태를 제공하여 에폭시 균일도를 높이는 진공 성형 그리고 에폭시의 이동 없이 젤 상태의 에폭시에 웨이퍼를 수직 하강 face down 시켜 공동 void 을 줄여 진행하는 압축 성형 등이 있습니다. 성형 후 레이저 마킹을 하고 이에 더하여 솔더 볼을 마운팅하기도 하며, 웨이퍼 레벨 패키지의 경우 단일 패키지로 분리하는 등의 과정을 거치게 됩니다.

반도체 후공정, 측정과 평가

반도체 소자는 실로 다양하고 소자마다의 측정 및 평가법은 더욱 다양합니다. 즉, 웨이퍼로부터 칩이 만들어지고 칩들이 패키징될 때까지 소재, 공정, 구조와 소자들의 특성 측정과 평가가 무수히 이루어지죠. 마지막 단계에서는 프로브 카드 probe card 로 반도체 칩과 테스트 장비를 연결하여 여러 전기적 성능들을 평가합니다. 그리고 번 인 테스트 burn-in test 로 사용 전 극한 환경에서 소자를 작동시키면서 성능 평가와 함께 초기에 나타날 수 있는 과도한 작동을 완화시키죠.

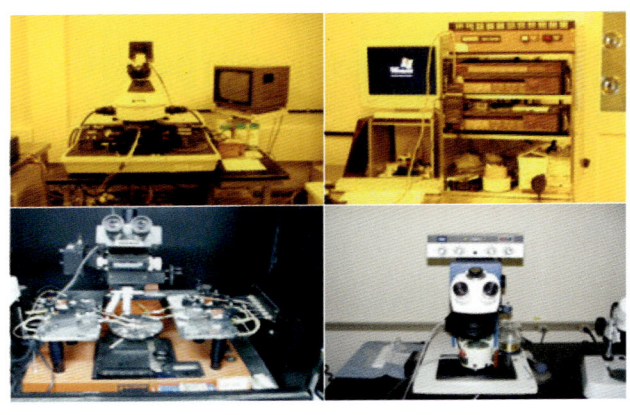

반도체의 측정과 평가

반도체의 평가는 생산 측면에서도 이루어집니다. 대표적인 인자가 수율이죠. 수율은 결함이 없는 합격품의 비율로 웨이퍼 한 장에 설계된 최대 칩의 개수에 대해 실제 생산된 정상 칩의 개수를 백분율로 나타낸 것으로 불량률의 반대 의미입니다. 즉, 투입한 양 대비 제조되어 나온 제품의 양의 비율이며, 수율이 높을수록 생산성이 향상됨을 의미하므로 반도체 산업에서는 수율을 높이는 것이 매우 중요하죠. 반도체는 초미세 소자와 회로들로 구성되므로 공정 중 어느 한 부분의 결함이나 문제점이 제품에 치명적인 영향을 미칠 수 있습니다. 따라서 높은 수율을 얻기 위해서는 공정 장비의 정확도와 청정실의 청정도, 공정 조건 등 제반 사항들이 뒷받침되어야 합니다.

칩 패키징 후에

모랫벌에서 시작했어
뜨거운 불
차가운 물을 거치고
갈고 닦고
연마를 했어

더할 건 더하고
빼 건 빼고
날렵하게
여러 기능들을 섭렵하였지

이제 강호로 하산
산 아래 세상으로 내려가네
사람들이 부르는
'4차 산업혁명의 세상'

The chip packaging is
a final stage of semiconductor device manufacturing,
in which the block of semiconductor material is
encapsulated for usage.

반도체의 제조 공정-MEMS 및 마이크로머시닝

메모리와 시스템 반도체 제조를 위한 표준 반도체 공정은 전공정과 후공정으로 설명할 수 있습니다. 신호의 입력과 출력용 변환기, 즉 MEMS 기술을 적용한 마이크로 센서와 액추에이터 소자에서는 종종 반도체 공정 기술에 더하여 기계적인 가공 공정이 더해집니다. 이를 MEMS용 마이크로머시닝 또는 미세 가공 기술이라고 하죠.

마이크로머시닝 공정

MEMS 소자의 경우 특정 용도가 정해지면 성능과 크기, 가격 요소 등 제반 스펙이 여기에 맞도록 시스템(반도체에서 블록 다이어그램 및 논리 설계에 해당함) 및 소자 차원에서의 설계 그리고 모델링과 시뮬레이션이 먼저 시작되는데, 이 과정에서는 기본적인 마이크로 일렉트로닉스 관점에 더하여 마이크로 머신, 마이크로 시스템 등의 요소가 함께 고려되어야 합니다. 다음으로 공정 설계가 진행되고, 여기에는 기본 반도체 공정에 대하여 마이크로머시닝 관련 공정들, 즉 벌크 혹은 표면 마이크로 머시닝, 깊은 반응성 이온 식각 Deep Reactive Ion Etching, DRIE, 기판 접합 wafer bonding 등의 MEMS 특화적인 공정들이 가미되죠. 공정 설계에 따라 반도체용 청정실에서 제작이 되고, 이는 공정 테스트를 거쳐 바로 패키징 및 테스트 과정으로 넘어가기도 합니다. 공정 오차 등이 발생하였을 경우, 다시 제작되거나 일부 수정, 재순환 제작 과정을 거치기도 합니다.

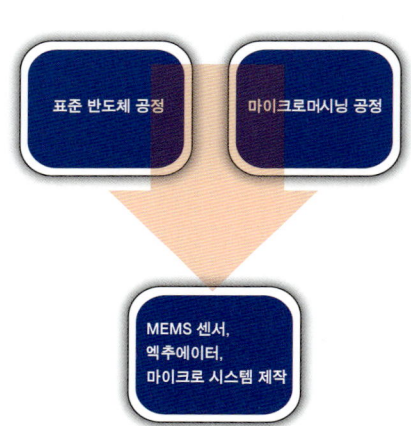

반도체 MEMS 공정

이와 같이 MEMS 소자, 부품, 시스템의 제작에는 반도체 공정과 특화된 마이크로머시닝 공정이 함께 적용됩니다. 이 과정을 통하여 전자-기계적인 구조물과 반도체 회로가 함께 집적화된 MEMS 제품들을 만들어 가죠. 일반적으로 반도체 공정을 먼저 수행하고, 다음으로 MEMS 공정을 이어가나 꼭 그렇지만은 않습니다. MEMS 공정을 먼저 진행할 수도 있고, 반도체 공정과 MEMS 공정을 상황에 맞춰 공정별로 번갈아 진행할 수도 있습니다. 반도체 회로부와 MEMS 구조물부를 단일 칩에 만들 수도 있고, 별도의 칩에 만들어서 하나의 패키지 안에 넣을 수도 있으며, 회로 칩과 MEMS 칩이 각각 패키지 안에 들어가기도 하죠. 이와 같이 일반 반도체인 집적회로의 제작에 비하여 MEMS의 제작은 매우 다양하며, 메모리 반도체보다는 훨씬 소량 다품종일 경우가 많습니다.

먼저 실리콘 미세 가공은 몸체 미세 가공 bulk micromachining과 표면 미세 가공 surface micromachining으로 구분할 수 있습니다. 몸체 미세 가공은 말 그대로 (실리콘) 웨이퍼의 몸체를 가공하는 것으로 건식이나 습식 식각을 통하여 웨이퍼 몸체의 선택 영역들이 가공되죠. 특히 습식 식각의 경우, 식각이 주로 일어나는 방향성에 따라 등방성 isotropic과 비등방성 anisotropic으로 나누어지는데, 비등방성 식각은 결정 의존성 식각 Orientation Dependent Etching, ODE이라고 하며, 용어 그대로 단결정 실리콘 웨이퍼의 결정 방향에 따라 서로 다른 식각률을 가지고 식각이 이루어진다는 특징이 있습니다. 표면 미세 가공은 웨이퍼의 표면에 희생층과 구조층들을 증착 등의 과정으로 쌓은 뒤, 희생층만 선택적으로 제거하여 구조층에게 움직이는 기능이나 특별한 형상을 갖도록 하는 방법이죠.

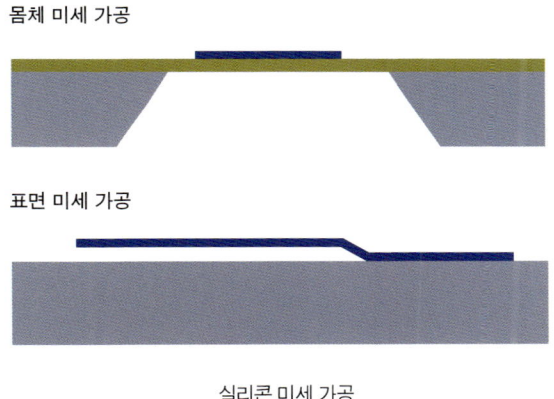

실리콘 미세 가공

이상과 같은 몸체 및 표면 미세 가공 기술에 더하여 LIGA라는 공정이 있죠. 이는 독일어로 사진 식각(LI)과 전기 도금(G) 그리고 몰딩(A)을 의미하며 두꺼운 감광막에 대해 선택적 노광과 식각 과정을 통하여 패터닝하고 선택적으로 제거하여 틀을 만들고, 이를 이용하여 다양한 소재의 구조물들을 찍어내는 방법입니다. 종횡비의 선택이 자유롭고, 소재도 플라스틱이나 금속 등으로 다양하게 적용할 수 있죠. 이상과 같이 몸체 및 표면 미세 가공, LIGA 등의 공정을 이용하여 다양한 MEMS 구조물들이 만들어집니다. 이러한 구조물들은 서로 수직 방향으로 쌓여지기도 하고, 전기 및 기계적으로 연결, 접합 등도 되며, MEMS 소자나 마이크로 시스템으로 완성이 됩니다. 구조물 제작 후에 조립이나 패키징 과정 또한 기존 반도체 공정과는 달리 매우 다양하죠. 이상과 같이 MEMS 공정은 반도체 공정 수준의 청정실에서 기본적인 반도체 공정에 더하여 결정 의존성 식각, DRIE와 같은 특화 공정들, 이를 통한 몸체 및 표면 미세 가공, LIGA와 같은 비실리콘 가공, 기판들 간의 접합과 조립, 패키징 등으로 이루어집니다.

실리콘의 식각, 깎아내기

MEMS용 미세 가공의 기본은 식각입니다. 특히 습식 식각, 결정 의존성 식각이 중요합니다. 1960년대에 강한 알칼리 용액들이 단결정 실리콘의 식각에 사용되었는데, 결정 방향에 따라 식각률이 달랐습니다. 즉, 실리콘의 세 개의 주요 결정 방향에서 〈100〉, 〈110〉, 〈111〉 순서대로 식각률이 감소하죠. 이는 각각의 방향으로 식각액이 진행할 때 만나게 되는 실리콘 원자의 수가 증가하는 순서입니다. 이에 더하여 실리콘의 식각률이 뚝 떨어질 만큼 급격히 감소하는 경우도 있었는데, 예를 들어 붕소를 강하게 도핑한 영역에서도 이런 일이 발생하였죠.

특히, 결정 의존성 식각 기술은 실리콘 결정 방향에 따라 달라지는 식각률, 높은 도핑 농도에서 식각률의 급격한 저하, 비교적 쉽게 만들어지는 식각 마스킹 박막 등으로 MEMS의 미세 가공에 활발히 적용되었습니다. 여기에는 EDP$^{EthyleneDiamine\ Pyrocatechol}$ 수용액, KOH 용액, 하이드라진 수용액, 수산화나트륨 수용액 등이 있죠. 이들은 단결정 실리콘의 밀러 지수에 따라 서로 다른 식각률을 가지므로, 실리콘 웨이퍼의 결정성과 도핑 영역 그리고 결정 의존성 식각 용액을 고려하여 식각 마스크 패턴과 식각 용액들을 적절히 선택하고 사용한다면, 특히 몸체 미세 가공에서 다양한 구조물들의 정교한 제작이 가능합니다. 이와 같이 실리콘의 습식 식각만으로도 MEMS용 구조물들을 비교적 다양하게 만들 수 있는데, 예를 들어 보면 유체의 저장을 위한 미세 공동, 유체 분사용 노즐, 힘이나 압력에 탄성 변형될 수 있는 얇은 막, 고유 진동수로 진동이 가능한 외팔보, 열적인 절연이나 가열을 위한 미세 가교 등을 들 수 있습니다.

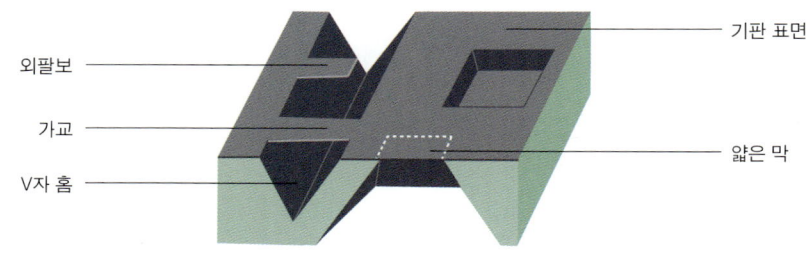

몸체 미세 가공으로 제작된 구조물들

또한 적절한 깊이나 크기의 구조물을 제작하는 데 있어서, 어느 시점에서 식각이 자동적으로 멈추어야 하는데, 이를 위해 필요한 기술이 자동 식각 정지 automatic etch-stop 입니다. 단순한 화학적 방법으로는 붕소를 높은 농도로 도핑하여 실리콘 내부에 스트레스를 강하게 발생시켜서 이로 인해 식각률을 급격히 낮추는 방법이 있죠. 다만, 이 방법은 고농도 도핑층으로 인하여 캐리어의 확산이나 재분포가 발생하여 전기적인 오작동의 우려도 있고, 소자 제작을 위해 고농도 도핑 영역에 또 다른 도핑을 행할 경우에 공정이 어려우며, 도핑 영역에서의 스트레스가 기계적인 성능을 저하시킬 수 있다는 단점도 함께 가지고 있습니다.

자동 식각 정지를 위한 전기화학적 방법도 있는데, 기본적으로 반도체 p형 기판과 n형 에피텍설층으로 이루어진 p-n 접합을 필요로 하죠. 이러한 다이오드 구조에 역방향 전압을 인가한 상태에서 식각 용액 내에 담그면, 역방향 바이어스로 인해 전류가 흐르지 않는 상태에서는 p형 기판에 대해 정상적인 식각이 진행되다가 n형 에피층만 남게 됩니다. 여기에 전류가 용액 내로 흐르면서 에피층의 표면에 양극 산화 반응을 유도하고 산화막이 형성되면서 식각 마스크로 작용을 합니다. 따라서 n형 에피층의 두께로 조절되는 다이아프램 등의 구조가 가능해지죠. 이러한 결정 의존성 식각과 함께 자동 식각 정지 기법을 함께 적절히 이용하면 미세 공동이나 얇은 막 또는 노즐 구조 등을 설계에 따라 정확한 규격으로 얻을 수 있습니다.

몸체의 미세 가공, 깎고 다듬기

몸체 미세 가공은 웨이퍼에서 구조물로 사용되지 않을 영역을 제거하는 과정이며, MEMS 구조물은 기판 내부에 만들어집니다. 구조물 표면의 면적은 넓은 반면 높이는 웨이퍼의 두께에 해당하므로 종횡비 aspect ratio 가 대체로 작다는 한계가 있습니다. 공정은 비교적 간단하고 잘 정립되어 있으며, 주로 단순한 모양의 구조물 제작에 이용되고 회전과 같이 비교적 큰 변위로 운동하는 구조물을 만들기는 어렵습니다. 기계적 강도나 내구성은 우수하고, 기하학적 수치, 크기나 모양 등을 조절하기는 무난하죠. 주로 습식 식각 공정에 크게 의존하며, 특히 결정 의존성 식각이나 자동 식각 정지 기법 등을 종종 활용합니다.

몸체 미세 가공을 위한 습식 식각에는 등방성 식각과 비등방성인 결정 의존성 식각이 있으며, 등방성 식각에서는 교반 정도의 강약과 유무, 결정 의존성 식각에서는 단결정 실리콘의 결정면과 사용하는 식각 용액의 종류 등에 따라서 다양한 식각 프로파일을 얻을 수 있습니다. 이를 통하여 외팔보, 공동, 브릿지, 노즐, 다이아프램, 유로 그리고 열적으로 고립된 구조와 얇고 가벼운 이음매를 갖는 무거운 추와 같은 구조들이 만들어지죠. 진동, 열이나 온도, 압력과 휨, 가속도와 각속도 등의 관성을 측정하거나 유체의 흐름 경로, 저장과 같은 역할을 하는 구조들로 사용됩니다.

몸체 미세 가공의 단점으로는 공정이 비교적 가혹하여 주변 회로들의 손상 우려가 있고, 공정 시간이 길며 소모되는 식각 용액이나 재료들이 많아 생산성이나 환경 측면에서 일부 문제가 있죠. 그리고 결정 방향에 주로 의존하므로 실제 회로나 센서가 만들어지는 부분에 비해 가공되는 면적과 부피가 커서 불필요하게 소자의 크기가 커지고, 이로 인하여 한 장의 웨이퍼에서 만들어지는 전체 칩의 개수가 줄어듭니다. 이러한 문제점들은 패키지의 크기, 가격, 생산성과 환경 등에서 부담스러운 요인이 되고 있죠.

표면의 미세 가공, 쌓고 깎고 다듬기

표면 미세 가공의 경우 몸체 가공과 대비되는데, 웨이퍼 위에 쌓은 막들을 선택적으로 패터닝, 식각, 제거하는 과정을 거치며, 기판 자체의 가공이 거의 이루어지지 않습니다. 크고 무거운 구조물을 만드는 데는 적합하지 않으나, 웨이퍼의 두께와 무관하게 다양한 종횡비의 선택이 가능하며, 모양과 패턴 사이즈를 보다 넓고 섬세한 범위에서 선택하고 조절할 수 있죠. 마스크 패턴에 절대적으로 의존하며, 구조층의 패터닝과 희생층의 제거로 구조물들이 만들어집니다. 회전이나 직선 또는 경사 왕복 운동 등 다양하게 움직이는 구조물들을 제작할 수 있으며, 재료 소모량이나 사용 영역의 사용에 있어서 훨씬 효율적입니다. 기계적인 내구성도 인정받고 있으며, 설계 자유도도 크고, CMOS 등 집적회로 공정과도 친화성이 좋습니다. 크기나 작은 구조물들도 충분히 가능하며, 주로 건식 식각에 의존하죠.

이는 기판의 표면 위에 희생층sacrificial layer과 구조층structural layer을 번갈아 적층한 뒤, 희생층만을 선택적으로 제거하는 방식으로, 마치 어린 시절에 흙 위에 손을 펴 놓고 흙을 손등 위에 쌓아서 토닥거린 다음에 손을 빼내어서 만들어내던 두꺼비집을 연상하면 됩니다. 이때 '두껍아 두껍아 헌집 줄게 새집 다오'란 노래를 흥얼거리곤 했죠. 희생층으로는 주로 감광성 레지스트처럼 패터닝이 용이한 고분자 또는 실리콘 산화막과 같이 쉽게 제거가 되며 특히 구조층과 식각 선택도가 높은 막들이 사용됩니다. 구조층으로는 다결정 실리콘이 주로 사용되지만, 제작하고자 하는 센서나 소자에 적합한 특성을 가진 물질들 그리고 금속까지도 택할 수 있습니다.

표면 미세 가공으로 만들어지는 구조물, 나아가서는 마이크로 머신이나 부품들은 희생층과 구조층을 쌓아 올리고 선택적으로 제거하는 과정을 반복하는 횟수가 증가할수록 그 복잡도와 성능도 올라갑니다. 예를 들어 산화막 희생층과 다결정 실리콘 구조층의 증착, 패터닝, 식각을 2회 정도하고 여기에 금속 전극들을 더하면 회전하는 정전 마이크로 모터의 제작이 가능해집니다. 즉, 희생층과 구조층 공정 레벨이 증가할수록 단순한 외팔보 구조로부터 센서 그리고 액추에이터, 궁극적으로는 마이크로 머신, 시스템 제작까지 이어질 수 있죠. 다층 레벨의 표면 미세 가공을 이용하면, 기판의 표면 위에 머리카락 굵기로 비견되는 다양한 물리 기계적인 요소, 구조, 부품들. 예를 들어 여러 관성 센서들, 흐름이나 열, 적외선, 바이오 센서 등에 적용되는 MEMS 구조물들, 미소 거울, 마이크로 체인, 기어, 모터 등과 같이 광학 또는 기계적 시스템에 유용한 핵심 부품들, 나아가서는 머신 자체까지도 제작이 가능합니다.

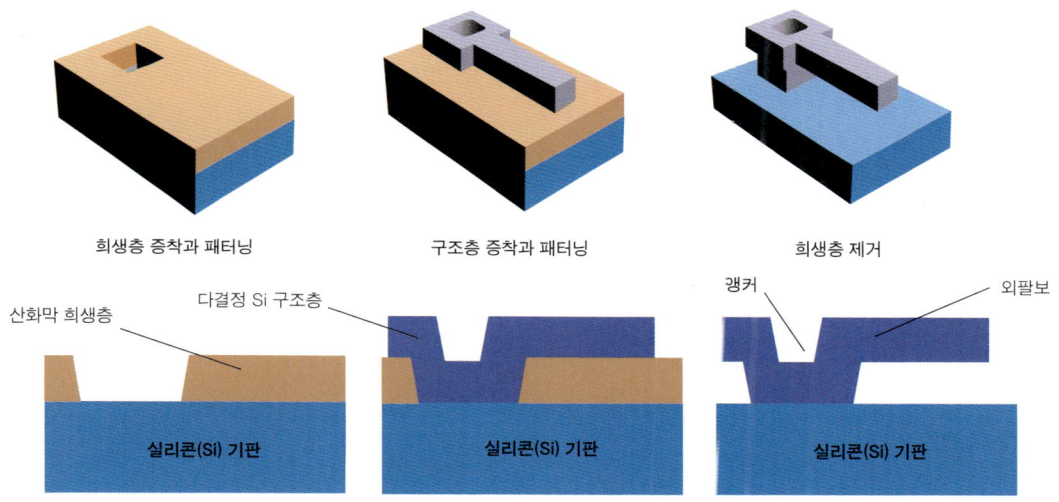

표면 미세 가공으로 제작되는 외팔보(cantilever) 구조

실리콘이 아닌 재료들의 가공

지금까지 주로 반도체 공정에 기반을 둔 실리콘의 미세 가공을 설명하였지만, MEMS에는 더 많고 다양한 소재들이 사용되고 있습니다. 예를 들어 MEMS 구조물이나 소자의 마운팅, 밀봉이나 패키징을 위한 유리 구조물, 보다 강하고 연성이 있는 소재인 금속류, 유연성과 생체 친화성을 강조한 플라스틱 소재 등이 대표적이죠. 이러한 소재들의 가공을 위해 식각 공정 이외에도 초정밀 선반, 드릴 가공, 레이저를 이용한 가공이나 절단, 용융을 통한 용접, 전기 방전, 아크를 이용한 드릴링, 주조와 틀을 이용한 몰딩 등 공정 방법들도 실로 다양하죠.

이러한 소재들과 공정을 통하여 보다 강하고, 휨과 같은 연성, 탄성 변형이 가능하고, 더 정교하게

나 3차원 가공된 구조물들이 제작되어 소자나 시스템이 적용이 되고 있죠. 따라서 MEMS 기술로 만들 수 있는 소자나 기구, 장치 또는 기계 부품이나 요소들은 점점 더 많아지고 있으며, 그 응용도 끝없이 확장하고 있습니다. 금속의 경우는 강도 및 연성과 함께 전기적인 전도성이나 작동 수명을 늘릴 수 있는 내구성 등에서 유리하며, MEMS에 종종 적용이 되고 있는 소재입니다. 몸체 가공부터 금속 박막을 이용한 표면 가공, 전기 도금과 몰딩을 통한 3차원 가공 등이 적용되고 있죠.

플라스틱 소재의 경우에는 소재 자체가 가볍고, 연성이 있어서 크랙이 발생하지 않으며, 구조물이나 소자가 만들어진 후에도 형상 변형이 비교적 자유롭죠. 특히, 생체 친화성이 있어서 생체의 피부 표면은 물론 내부에도 삽입하는 응용 분야에 효과적이며, 혈액과 같은 바이오 물질을 처리, 감지하는 용도로도 사용됩니다. 가공은 주로 몰딩을 이용하는데 공정이 쉽고 간단합니다. 좀 더 세부적으로 살펴보면, 몸체 미세 가공, 즉 두꺼운 플라스틱 구조물을 제작할 경우에는 인젝션 몰딩이나 엠보싱, 캐스팅, 접합, 라미네이팅 방법 등이 사용되며, 표면 미세 가공에 해당하는 얇은 구조물을 기판 표면에 만들 경우에는 스핀 캐스팅, 잉크젯 프린팅 등으로 후막을 도포한 뒤 패터닝하기도 하고, 희생층과 구조층을 사용하여 선택적으로 패터닝하고 식각하는 공정이 이용되기도 하죠.

기판들의 접합, 서로 붙이기

웨이퍼 또는 기판 접합 기술은 미리 가공된 실리콘 기판이나 유리 기판 등을 서로 접합하여 물리적, 전기적으로 연결시키는 것을 말합니다. 이러한 기판 접합 기술은 두 종류로 구분이 되죠. 즉, 접합되는 기판들 사이에 아무런 접착제나 접합용 매개물이 없이 정전력이나 화학적 결합과 용융 과정을 통하여 접합이 일어나는 직접 접합 direct bonding 과 솔더나 프릿 또는 에폭시와 같은 접착 매개물을 이용하는 중간층을 사용하는 접합 bonding with intermediated layers 으로 구분할 수 있습니다. 직접 접합에서는 정전력으로 절연체와 (반)도체, 두 기판이 결합되는 정전 열 접합과 초기의 약한 결합 후에 열처리 과정을 통하여 두 기판 간에 실제적인 용융이 일어나면서 접합이 완성되는 용융 접합이 대표적입니다. 반면에 중간층을 사용하는 접합에는 실리콘과 금의 혼합물과 같은 솔더를 사용하는 접합, 유리 프릿이나 저융점 유리, 에폭시 등을 사용하는 접합과 열 압착 방법을 적용하는 접합 등이 있죠.

MEMS와 같은 초청정 고내구성 접합이 요구되는 경우에는 주로 접착제를 필요로 하지 않는 직접 접합 공정을 많이 이용합니다. 이를 통하여 청정하고, 접합될 기판들 간에 정렬이 잘되는 접합이 가능하고 집적회로 공정과 친화성이 있으며, 완전한 고체 상태에서의 접합, 대면적 접합, 웨이퍼 레벨의 접합 그리고 강하며 안정적인 접합을 이룰 수 있죠.

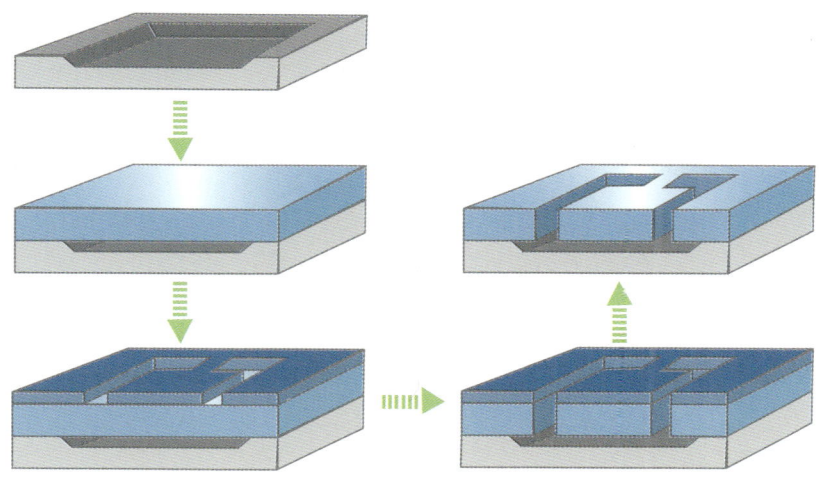

접합 공정을 이용한 미세 구조물 제작 일례

접합 공정은 비단 밀봉sealing이나 패키징에만 사용되지는 않습니다. 이에 더하여 보다 복잡한 3차원 MEMS 구조물을 만드는 데에도 효과적으로 이용할 수 있죠. 예를 들어 두 기판을 각각 임의의 형태로 가공을 하고, 둘을 접합한 다음에 패터닝과 식각 공정을 추가하면 다소 복잡한 3차원 구조물을 좀 더 쉽게 만들 수 있습니다. 그리고 접합 공정 후에 한쪽 기판을 완전히 제거하면, 공정 온도나 식각 등에서 함께 만들어질 수 있는 구조물이나 소자들이 하나의 기판 위에 놓일 수도 있습니다. 이와 같이 함께 만들기 어려운 소자를 각각 별도의 기판 위에 만들어서 다른 기판으로 이동하는 기술을 전사transfer라고 하죠. 기판 접합 공정을 활용하면, 접합, 전사, 3차원 구조물 제작, 패키징 과정이 웨이퍼 레벨에서 이루어지고, 최종 공정이 마무리되어 소자가 완성된 뒤 개별 칩으로 나누는 것이 가능합니다. 이러한 웨이퍼 레벨 가공 후 패키징 공정은 개별 칩들로 나눈 다음에 후속 공정을 진행하는 다이 레벨 공정에 비해 생산에 걸리는 시간이 줄어들고 단위 시간에 생산할 수 있는 수량이 증가하여 생산성 향상을 이룰 수 있습니다.

밀봉과 패키징, 감싸고 보호하기

MEMS는 기본적으로 움직이거나 진동하는 구조물을 기반으로 합니다. 따라서 안정적인 작동을 위해서는 구조물들이 안정적인 환경, 즉 움직임에 있어서 공기 저항 등을 최소화할 수 있어야 합니다. 또한 주변의 습기나 반응성 기체들과 반응, 질량이나 모양에 변형이 있어서도 안 됩니다. 따라서 구조물들은 진공 또는 반응을 일으키지 않는 비활성 기체로 채워진 공간 안에 놓여야 하는 경우가 많죠. 이에 더하여 MEMS가 센서로 이용될 경우, 센서는 측정하고자 하는 신호를 받아들여야 합니다. 신호가 생화학 물질이나 기체 또는 액체일 경우에는 감지부, 즉 MEMS의 구조물 부분이 주변 회로부는 보호하면서 밖으로 드러나야 하죠. 이상과 같이 MEMS에서는 진공이나 특정 공간 안에서의 밀봉 또는 회로부를 제외한 선택적인 개봉 그리고 밀봉된 공간 안으로부터 밖으로의 전기적인 연결 등을 요구합니다. 따라서 기본 반도체 공정과는 많이 다른 패키징을 요구하는 경우가 종종 발생합니다.

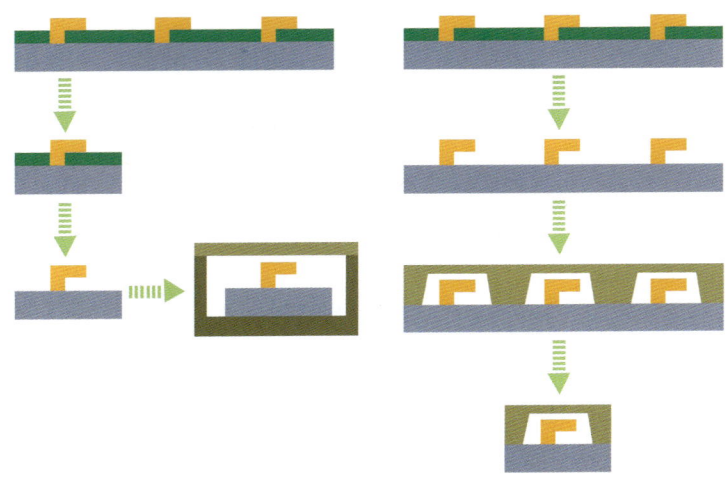

MEMS 패키징-칩 레벨과 웨이퍼 레벨

이와 함께 일반적인 패키징에서도 칩 레벨 패키징보다는 웨이퍼 레벨 패키징을 선호하지만, 특히 MEMS에서는 기계적인 충격에 다소 약한 부분들이 칩 내에 존재하기에 웨이퍼 레벨 패키징의 필요성이 더 큽니다. 즉, 웨이퍼 단위로 패키징을 한 다음에 칩으로 잘라내는 방식이죠. 이러한 웨이퍼 레벨 패키징에서는 기판 접합 방식 등을 통하여 MEMS 구조물의 공간이나 환경을 충분히 제공하여 주고 칩으로 분리하여야 합니다.

MEMS 구조물에 특정 공간을 제공해 주기 위해서는 덮개^{cap}가 필요합니다. 따라서 다양한 소재와 모양의 덮개들이 MEMS 공정, 즉 미세 가공과 접합을 통하여 MEMS 구조물이나 소자를 덮게 됩니다. 가속도와 각속도를 측정하는 관성 센서류처럼 움직임이 필요할 경우, 압력 센서처럼 내부에 기준 압이 유지되어야 할 경우, 외팔보를 이용한 센서들처럼 공명과 공진과 같은 고유 진동이 필요할 경우, 표면 탄성파 필터나 스위치 등에는 내부가 진공 또는 비활성 기체로 채워진 공간이 반드시 필요하게 되죠. 이러한 패키징에서는 특히 웨이퍼 레벨 공정, 기밀 밀봉hermetic sealing, 패키징 크기의 소형화, 내구성과 신뢰성 등이 더욱 중요합니다.

다양한 가공 기술들

습식 식각과 이를 이용한 실리콘 몸체 및 표면 미세 가공, 비실리콘의 가공, 접합 및 패키징 등은 MEMS 공정에서 기본이 되는 부분입니다. 이에 더하여 좀 더 특수한 소재로 좀 더 특별한 구조물을 얻기 위하여 다양한 가공, 공정들이 사용되고, 새로 등장하고 있죠. 워낙 종류가 많아 요약이나 정리하기가 만만찮지만, 나름 정리하여 보겠습니다.

먼저, 도구와 마스크 중에서 어떤 것을 주로 사용하는지가 포인트입니다. 도구로 깎거나 다듬어 가는 공정 또는 마스크로 패터닝을 한 후에 식각을 하는 공정의 구분이죠. 도구를 사용하는 경우의 하나는 물리적인 가공 수단들을 사용하는 방법으로 절단, 연마, 밀링, 전기 방전 가공Electric Discharge Machining, EDM, 전기화학적인 가공Electro-Chemical Machining, ECM, 펀칭, 프레스 가공, 사출 성형 등을 들 수 있습니다. 다른 하나는 높은 에너지빔을 사용하는 경우로 레이저나 전자선 또는 이온빔 등으로 가공하는 방법이죠. 마스크 패터닝을 이용하는 경우에는 비등방성과 등방성 가공으로 구분할 수 있는데, 비등방성 가공에는 결정 의존성 습식 식각 그리고 빔을 이용한 가공들과 LIGA까지 포함됩니다. 등방성 가공에는 등방성 습식 식각을 비롯하여 플라즈마 등을 이용한 건식 식각, 전기 주조electroforming까지 들고 있습니다. 건식 식각은 비등방성도 강하지만 빔 가공에 비해서는 직진 방향성이 다소 약하여 등방성 가공으로 구분하였네요.

실리콘 반도체 이외의 공정을 기반으로 한 여러 MEMS 관련 공정들 중에서 대표적인 것이 LIGA 공정입니다. LIGA는 독일어로 Lithographie, Galvanoformung, Abformung의 약자이며 각각의 단어들은 사진식각lithography, 전기도금electroplating, 조형molding을 뜻합니다. 용어 그대로 사진식각으로 틀을 만들고 전기도금으로 채운 뒤 조형을 하는 방식이죠. 사진식각에 사용되는 감광성 레지스트(PR)의 두께가 곧 조형물의 높이를 결정합니다. 따라서 종횡비를 높이기 위해서는 에너지가 큰 x-ray 등으로 두꺼운 PR에 대해 노광을 하였으나, SU-8 등 두께를 증가시켜도 일반적인 광원에 감응할 수 있는 PR들이 개발되어 공정이 보다 간단해졌죠.

공정 순서를 살펴보면 먼저 전도성이 있는 기판 위에 PR을 두껍게(제작될 구조물의 높이에 해당) 도포하고, 마스크 패턴을 사용하여 노광 후 현상을 하여 PR 구조물을 만듭니다(사진식각 공정). 다음으로 전기도금을 하여 금속으로 PR 구조물 틀을 채우고 PR을 제거하면 금속 틀이 만들어지죠(전기도금). 이

틀을 이용하여 원하는 소재를 넣어 구조물을 찍어냅니다(조형). 제작되는 구조물의 높이는 노광 후 현상되는 PR의 두께에 해당하며, 폭은 패터닝된 PR의 모양과 치수로 결정이 되죠. 이러한 LIGA 공정을 이용하면, 다양한 재료들을 사용하여 종횡비가 높고 형상이 자유로운 부품들을 만들 수 있습니다. 즉, 몸체 미세 가공과 같이 두껍고 내구성이 있는 3차원 구조물들을 표면 미세 가공에서의 설계 자유도로 제작이 가능하죠. 다만, 각각의 부품들이 개별적으로 만들어지므로 제작 후 별도의 조립 기술이 뒷받침되어야 합니다.

결국 MEMS 공정 기술은 기존 반도체 집적회로 공정과 기본적인 MEMS, 미세 가공 공정과 이에 더하여 기계, 신소재, 화학, 나아가서는 생화학 공정까지 어우러진 실로 무수한 공정들의 개별 또는 조화로 이루어지며, 이들 결과물에 대한 분석과 평가 또한 매우 다양합니다. 지식의 깊이와 넓이, 여기에 반짝이는 아이디어와 기교가 함께하는 흥미로운 분야임에는 틀림없죠.

마이크로머시닝

작게 더 작게
깎고 다듬어서
커지는 능력

낮게 더 낮게
깎고 다듬어서
높아지는 성품

Micromachining is the technique for
fabrication of 3D and 2D electromechanical structures
on the micrometer scale in semiconductor process.

실리콘 반도체 소자, 그리고 활용

정보통신의 사회에서는 센서로 정보가 획득되어 전달이 되고, 전달된 정보는 저장 및 처리가 되며, 이렇게 처리된 정보들은 궁극적으로 계기판에 제시되거나 여러 행위를 할 수 있습니다. 즉, 다양한 신호들은 센서에 의해 감지되어 전기신호로 변환되고, 이들 신호는 여러 통신 방식을 통하여 근거리나 원거리로 전달되며, 전달된 신호는 메모리에 의해 저장되거나 시스템 반도체로 처리(연산, 변환, 해석, 제어 등)됩니다. 처리된 정보는 디스플레이 화면에 표시되거나 여러 작동기^{actuator}들을 통하여 변환됩니다.

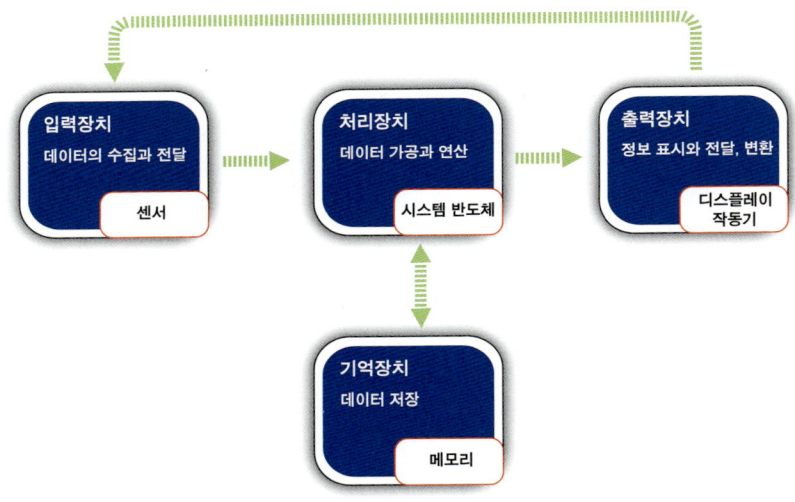

정보통신 체계에서 신호(데이터)의 이동

데이터의 저장과 처리

실리콘 반도체에 있어서 메모리 반도체는 정보를 저장하는 역할을, 시스템 반도체는 연산이나 변환처럼 정보를 처리하는 역할을 하게 되죠. 메모리는 휘발성과 비휘발성으로 나뉩니다. 즉, 전원이 끊어질 때 저장된 데이터가 사라짐과 유지됨으로 구분하죠. 메모리에서 가장 많이 회자되는 램$^{Random\ Access\ Memory,\ RAM}$은 휘발성 메모리로서 데이터나 프로그램을 일시적으로 저장하는 역할을 합니다. D^{Dynamic}램과 S^{Static}램으로 세분되며, D램은 정기적으로 리플레시를 하여야 데이터가 소실되지 않고, S

램은 리플레시가 필요 없죠. S램이 사용은 편하나 셀 면적이 크다는 단점이 있는 반면에 D램은 커패시터로 이루어져 셀 면적이 작아 고집적, 대용량화에 유리합니다.

전원을 끊어도 데이터가 유지되는 비휘발성 메모리에는 롬$^{\text{Read Only Memory, ROM}}$과 플래시 메모리가 있습니다. 롬은 읽기 전용 메모리로 수정할 필요가 없는 프로그램이나 데이터의 저장에 사용됩니다. 제조 과정에서 이미 데이터가 기록되기도 하고, 사용자가 직접 기록할 수 있는 P^{Programmable}롬 등이 있죠. 사용자가 데이터를 지우고 다시 쓸 수 있는 E^{Erasable}P롬이 대표적으로 미완성 프로그램의 일시적인 저장 등에 사용됩니다. 플래시 메모리는 데이터를 전기적으로 쓰고 지우는 E^{Electrically}EP롬의 일종으로, 데이터를 쓰기만 하는 롬과 읽고 쓰는 램의 중간형으로도 보고 있습니다. 별도의 메모리 카드 Universal Serial Bus, USB로 많이들 사용하죠. 셀 구조에 따라 NOR형과 NAND형으로 분류하는데, NOR 플래시의 경우 셀들이 병렬 연결된 구조로 데이터 유지의 신뢰성은 높은 반면에, 집적도가 상대적으로 낮아 대용량화에 한계가 있고 고속 동작에서도 불리하므로 주로 기기 안에서 프로그램을 저장하는 용도로 사용됩니다. NAND 플래시는 셀 면적이 작아 대용량화에 적합하여 메모리 카드로 활발히 사용되고 있습니다.

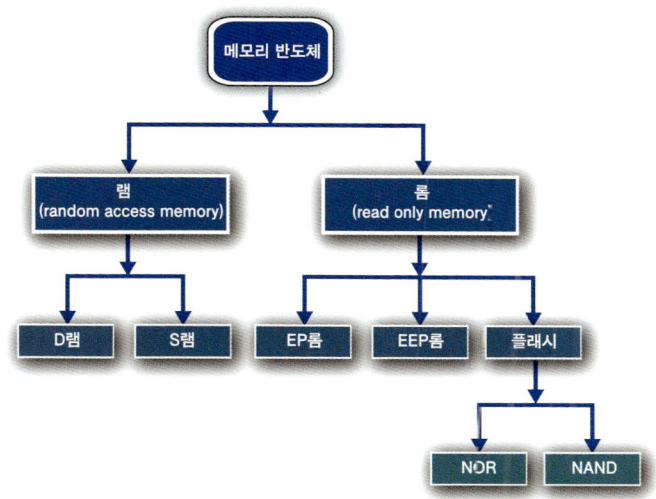

메모리 반도체 종류

메모리 반도체가 공급자 주도의 제품이라면 시스템 반도체는 사용자가 요구하는 제품이죠. 따라서 시스템 반도체의 종류와 용도는 더욱 다양합니다. 기본적으로는 반도체 소자에서 메모리 반도체를 제외한 나머지, 즉 비메모리 반도체를 전부 시스템 반도체로 생각해 볼 수도 있죠. 즉, 기억과 저장을 제외한 연산과 제어, 신호처리와 감지 등의 작동을 하며 크게 묶어서 마이크로 컴포넌트와 아날로그 IC, 로직 IC로 구분할 수 있습니다. 마이크로 컴포넌트는 기기의 작동과 제어에 필요한 명령어를 담고 있죠. 컴퓨터에서 기억, 연산, 해석, 제어를 담당하는 중앙처리장치 Central Process Unit, CPU가 대표적인데 이를 집적화 기술로 소형화하여 여러 전자 기기 등에서 활용할 수 있도록 한 것이 마이크로프로세서 Micro Processor Unit, MPU입니다. 이와 함께 컴퓨터 등의 그래픽을 담당하는 GPU Graphic Processor Unit, 디지털 신호의 연산을 지원하는 DSP Digital Signal Processor, MPU에 메모리 기능까지 추가하여 칩 자체가 하나의 컴퓨터 역할을 하는 MCU Micro Controller Unit까지도 마이크로 컴포넌트의 범주에 속합니다.

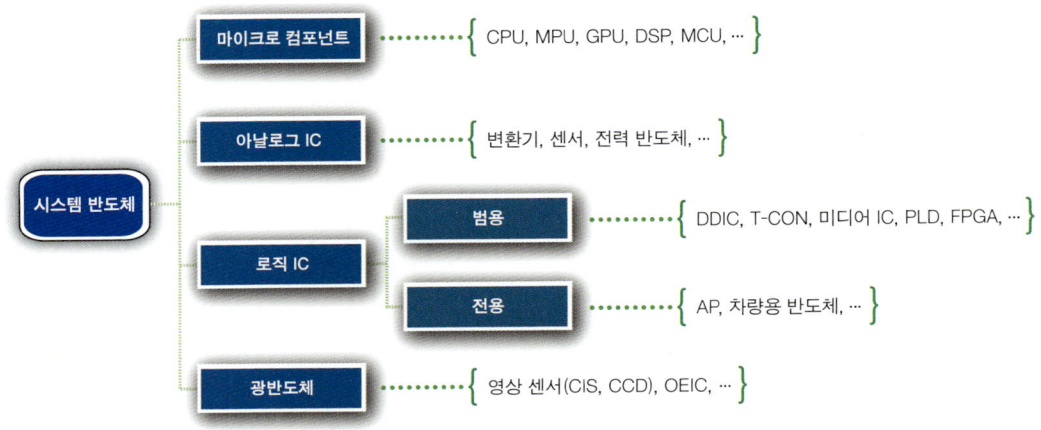

시스템 반도체 종류

아날로그 IC는 우리 주변의 자연 신호들과 같은 아날로그 신호를 디지털 신호로 변화하는 집적회로입니다. 넓은 의미로는 트랜스듀서(변환기)나 센서(감지소자), 전력 반도체까지 포함하죠. 빛을 전기 신호로 변환하는 영상 센서, 전력을 변환하고 처리, 제어하여 최적의 전력 효율을 맞추는 PMIC Power Management IC 등을 일례로 들 수 있습니다. 영상 센서를 비롯한 광반도체, 광전 집적회로 Opto-Electronic IC, OEIC의 경우 수요와 활용 가능성의 확장을 감안하여 별도로 구분하기도 합니다. 로직 IC는 AND, NAND, OR, NOR와 같은 논리회로를 집적한 반도체입니다. 범용 IC와 전용 IC로 구분할 수 있죠. 디스플레이 화면을 작동시키는 DDIC Display Driver IC와 T-CON Timing Controller, 다양한 미디어를 구동하는 미디어 IC, 설계된 하드웨어를 프로그래밍하여 구현, 검증하는 PLD Programmable Logic Device, FPGA Field-Programmable Gate Array 등이 범용 로직 IC에 해당하며, 전용 IC에는 디지털 TV나 스마트 모바일 기기에서 CPU 역할을 하는 AP Application Processor나 차량용 반도체 등이 있습니다.

데이터의 입력과 출력

지금까지 정보통신 체계에서 데이터의 흐름에 있어서 주로 데이터의 처리와 저장을 하는 시스템 반도체와 메모리를 살펴보았습니다. 이에 더하여 신호의 감지를 위한 센서, 출력장치에 해당하는 디스플레이나 작동기에도 실리콘 반도체 소자나 부품들이 개발되어 적용되고 있죠. 특히 센서와 작동기에는 초소형 전자 기계 장치Micro-Electro-Mechanical System, MEMS로 불리는 기술이 대세화되고 있으며 실리콘 반도체 분야에서도 반드시 짚고 넘어가야 할 기술 영역입니다.

센서는 주로 입력부에 존재하고 작동기는 출력부에 해당하죠. 센서가 신호를 감지하고 작동기는 이 신호에 따라 필요한 동작을 합니다. 센서와 작동기 공히 하나의 신호를 다른 신호로 바꿔 준다는 의미에서는 같습니다. 다만, 센서의 경우 데이터를 전송하고 후속 전자 기기들이 신호를 읽을 수 있게 하려면 감지된 신호를 전기적인 신호로 변환하여야겠죠. 반대로 작동기는 전기신호가 들어가서 필요로 하는 행위들로 변환되는 것입니다. 따라서 센서와 작동기, 둘 모두를 묶어서 변환기transducer라고 총칭합니다. 용어 그대로 신호를 변환한다는 의미이죠. 센서의 출력은 전기적 신호, 작동기의 입력도 전기적 신호이겠죠. 센서의 입력과 작동기의 출력은 필요에 따라 달라지겠고요.

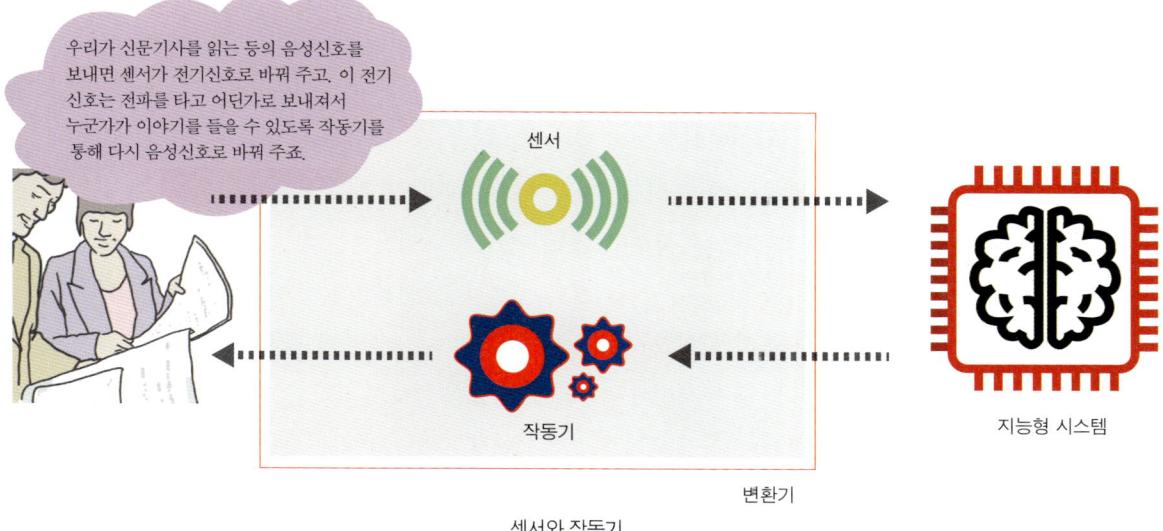

센서와 작동기 / 변환기 / 지능형 시스템

예를 들어 누군가 이야기를 하면, 즉 음성신호를 보내면 이를 전기신호로 바꿔 주는 변환기는 마이크로폰입니다. 바로 센서죠. 전기신호들은 전파를 타고 어딘가로 보내져서 누군가가 이야기를 들을 수 있도록 다시 음성신호로 바꿔죠. 이 변환기는 스피커이며 작동기에 해당합니다. 우리가 늘 곁

반도체 공정으로 매우 작게 **초소형 센서**를 만들어 볼까?

여러 신호들을 동시에 처리하는 **복합 센서**는 어때?

오, 스스로 생각하고 판단하는 기능을 갖는 **지능형 센서**라!

이러한 센서들과 회로가 하나의 칩에서 신호처리와 분석을 한다. 그야 말로 **집적 센서**구나.

에 두는 스마트폰에서 사진 촬영을 위한 카메라 센서, 말하고 들을 수 있는 마이크로폰과 스피커, 화면을 움직이거나 신호를 넣을 수 있는 터치 센서 등이 이러한 센서와 작동기들에 해당합니다. 스마트폰에 신호를 넣어 멀리 있는 집의 문을 개폐하는 스마트 홈의 기능, 공장 굴뚝에서 뿜어 나오는 연기 성분을 측정하여 이산화질소와 같은 유해 성분들을 감지하고 신고하여 환경 정화에 기여하는 착한 행동들도 변환기들, 즉 센서와 작동기들이 있기에 가능합니다. 그리고 이러한 실리콘 웨이퍼 위에 전자 기계적으로 동작하는 센서와 작동기를 제작하는 기술이 MEMS이며, 이는 실리콘 반도체의 또 다른 영역입니다.

센서와 작동기들의 상당 부분은 MEMS 기술 기반의 가공 공정과 집적회로 공정을 통하여 주로 실리콘 웨이퍼를 비롯한 반도체 기판 위에 만들어집니다. 웨이퍼 레벨의 일괄 공정 후 절단 과정을 통하여 센서 칩이 되어서 소형이고(micro-), 하나의 칩 혹은 하나의 패키지 안에 온도와 습도, 가속도와 각속도 등과 같이 상호 연관성이 있는 여러 센서를 넣을 수 있고(multi-), 연관 센서들 간에 데이터를 공유하여 더욱 가치 있는 데이터들로 가공을 하고(fused-), 이에 더하여 센서 칩이나 단일 패키지 안에 집적회로들을 설치함으로써 신호처리와 분석을 통하여 스스로 생각하고 판단하는 기능이 더해지며(smart-, intelligent-), 궁극적으로는 센서 간 연결은 물론 데이터 전송까지 가능하게 되죠(connected-). 이와 같이 센서들이 작아지고 여러 신호들의 동시 측정이 가능하고, 회로를 통하여 각각의 센서 데이터들이 변환, 처리가 되어 전송까지 이를 수 있는 이유는 반도체 공정과 MEMS 공정을 병용하여 웨이퍼 위에 센서와 작동기, 회로들을 일괄 대량생산할 수 있기 때문입니다(integrated-). 따라서 실리콘 웨이퍼에 제작된 MEMS형 센서와 작동기에는 초소형micro-, 복합화multi-, 지능형smart-, intelligent-, 집적화integrated-라는 형용사들이 붙어 새롭고 신선한 이름들이 붙어지고 있습니다.

데이터의 흐름, 우리

1987년 겨울 KIST 출근길
너를 보았어, 내 맘 속으로 들어왔어-입력

꼭꼭 간직하였어
기억하며, 순간순간 너를 떠올렸지-저장

어떤 표정을 지을까, 어떤 말을 할까
생각하고 또 생각하였지-연산, 처리

1988년 어느 봄날, 우린 만났지
말을 하였고 생각을 나누며, 지금껏 함께-출력

Data flow is the movement of data through
a system comprised of software, hardware or
a combination of both and
consists of 4 stages as follows;
data input(sensor), data storage(memory),
data processing(system semiconductor) and
data output(actuator)

실리콘 반도체 소자, 그리고 활용-MEMS

정보통신 체계, 데이터의 흐름에서 메모리 반도체는 '데이터 저장과 기억', 시스템 반도체는 '데이터 처리, 가공과 연산'을 담당하였습니다. 추가되어야 할 부분이 '데이터 입력, 수집과 전달'과 '데이터 출력, 전달과 변환'입니다. 이렇게 하여서 데이터의 '입력-처리와 저장-출력'의 체계가 완성되며, 이는 컴퓨터의 작동 체계부터 정보통신의 거대한 체계에 이르기까지 데이터의 순환을 나타내고 있죠. 데이터의 저장과 처리를 맡는 메모리와 시스템 반도체에 더하여 입력을 담당하는 센서와 출력에 해당하는 작동기(액추에이터)의 이야기를 하려 합니다. 물론 관련 분야와 시장에서 주류가 되고 있는 실리콘 반도체를 중심으로 진행합니다.

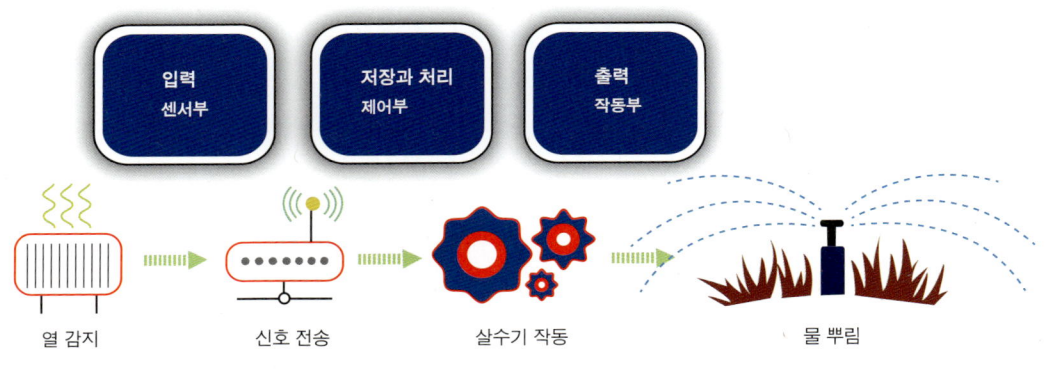

데이터의 순환

입출력 장치, MEMS의 등장

실리콘 반도체 기반의 입출력 소자로 'MEMS'를 들 수 있습니다. MEMS는 Micro-Electro-Mechanical System의 약어로 우리말로는 초소형^{Micro}, 전자^{Electro} 기계^{Mechanical}, 장치^{System}, 즉, '초소형 전자 기계 장치'라고 하죠. '장치'라 하기에 '특정 목적에 따라 완성된 제품'을 생각하기 쉬우나, MEMS는 특정 공정임에도 하나의 기술 분야로 자리매김을 하였습니다. 지금은 초소형의 센서나 작동기 소자와 부품, 특수하게 가공된 소형 구조물, 그리고 여기에 미세전자공학^{microelectronics} 분야가 가미된 소자, 부품, 시스템을 말하며, 이에 더하여 공정과 제작 기술을 망라한 의미가 되고 있죠. 1980년대 중·후반, 초기의 MEMS 연구는 머리카락의 굵기인 0.1mm 정도의 움직이는 구조물들을 만들어서 이를 시연하는 발표로 눈길을 끌었고, 이후 적절한 응용 분야에서의 최적화 과정을 통해 발전하여 왔습니다.

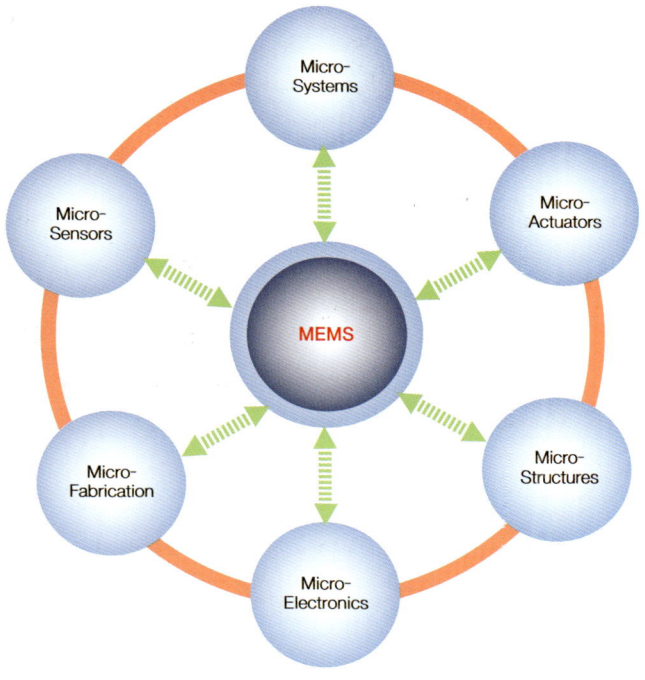

MEMS의 구성 요소

그리고 20세기, 1900년대의 말미를 장식하는 초히트 MEMS 제품들이 마침내 등장합니다. 즉, 떠 있는 구조물로 열적 절연 구조를 만들어 열 손실을 최소화한 적외선 검출기 및 영상 감지 소자(Honeywell), 자동차 에어백의 작동 여부를 결정하기 위한 핵심 소자였고 지금은 모션 트래킹의 중심인 가속도 센서(Analog Devices), 프로젝터 혹은 프로젝션 TV용으로 지금도 각광을 받고 있는 디지털 마이크로 미러 소자(Digital Micro-mirror Device, DMD, Texas Instruments), 가속도계와 함께 모바일기기·(무인)자동차·드론 등에서 모션 감지를 위한 핵심 아이템인 회전 운동 측정용 MEMS 실리콘 각속도계(Draper) 등이 MEMS 기술의 제품화, 범용화 시대를 열었습니다. 이후로 학교와 연구소에서는 더욱 창의적인 아이디어를 도입하며 MEMS를 기반으로 한 센서와 액추에이터, 그리고 여러 전자 및 기계 소자들의 부품과 시스템들을 연구하여 발표하였고, 기업은 이를 바탕으로 성능과 생산성이 더욱 향상된 MEMS 제품들을 생산하여 왔습니다. 이제 마이크로 레벨에서 한 차원 더 소형화된 NEMS^{Nano-}

Electro-Mechanical System 분야로 진전하여 반도체 플랫폼 위의 바이오 시스템이나 광전 소자 등 더욱 극미소 영역에서의 연구가 더욱 활발히 진행되고 있습니다.

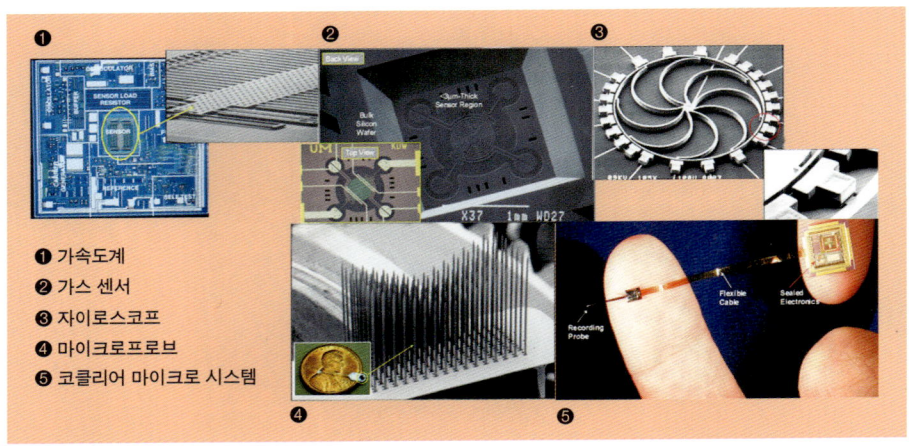

❶ 가속도계
❷ 가스 센서
❸ 자이로스코프
❹ 마이크로프로브
❺ 코클리어 마이크로 시스템

MEMS의 일례(University of Michigan ECE)

현재 MEMS 기술은 주로 실리콘 반도체를 플랫폼으로 하여 '신호 변환기'로서의 역할을 충실히 수행하면서 통신용, 바이오용, 우주용, 군사용, 가전용 등으로 급격히 영역 확장을 해 나가고 있습니다. 전기와 자기-물리와 힘-생화학-빛과 전자기파 도메인에서의 신호 변환기, 즉 입력 부분인 '센서'와

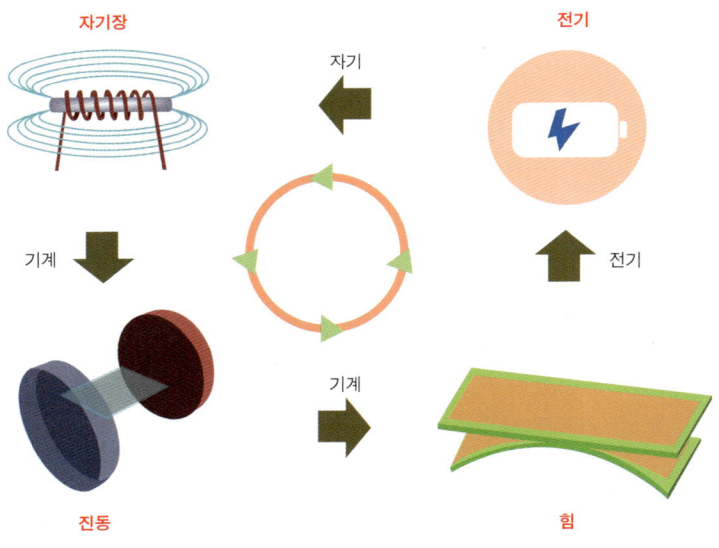

신호 변환 사례

출력 부분인 '작동기'에서 새로운 개념을 만들어 가고 있습니다. 모바일 기기와 4차 산업의 시대, 웨어러블, 스마트 또는 자율 주행차, 드론, 비행 택시 시대의 도래와 함께 움직임 감지, 제어 등 실로 다양한 센서와 작동기에 더하여 초소형 지능 시스템의 코어로서 자리매김하고 있습니다.

MEMS 기술을 이용한 구조물, 소자, 부품, 시스템 등은 주로 실리콘 반도체 공정, 즉 집적회로 공정과 미세 가공을 통하여 웨이퍼에 일괄 제작됩니다. 실로 다양한 특장점들이 존재하죠. 소자의 크기가 작고, 신호의 증폭, AD$^{Analog-to-Digital}$ 변환, 신호처리 등을 할 수 있는 회로가 함께 집적화될 수 있으며, 아울러 서로 연관성이 있는 다양한 센서들이 하나의 칩에 동시에 만들어지기도 합니다. 단기적인 성능과 재현성은 물론 장기적인 내구성과 신뢰성이 높고(Performance), 가격은 낮아지고(Price), 소비 전력은 적게 들어가니(Power), 3P의 장점과 경쟁력을 지닌 것으로 표현됩니다. 이에 더하여 반도체와 디스플레이처럼 집적도, 성능 등의 핵심 포인트에서 장기적인 로드맵이 만들어지면서 그 응용 분야는 우리의 실생활, 즉 일상으로 깊고 넓게 확장될 것입니다.

MEMS의 응용 분야

MEMS 기술의 응용 분야는 가전부터 국방, 우주 산업까지 실로 다양합니다. 크게 나누면 가전 및 모바일 기기류, 자동차를 비롯한 운송·교통, 바이오와 건강, 의료, 환경, 국방 및 우주 산업 등으로 생각해 볼 수 있습니다. 이들 분야에 적용되는 센서, 액추에이터, 다양한 소자와 부품, 마이크로 시스템 등을 망라하죠. 이러한 응용 분야들은 4차 산업혁명과 사물 인터넷$^{Internet\ of\ Things,\ IoT}$을 이끌어냈으며, 이를 통한 스마트 라이프와 스마트 홈, 인텔리전트 빌딩, 스마트 팩토리, 스마트 에너지 등이 이어지면서 특히 센서, 자가 전력 공급 및 신호의 송수신 기능을 갖는 스마트 센서 모듈의 응용도는 급격히 확장되고 있습니다. 이들 중에서 특히 모바일 기기(스마트폰)에 적용되는 MEMS 센서, 소자와 부품에 관한 내용을 좀 더 살펴보고자 합니다. 모바일 기기 안에는 MEMS 기술의 대부분이 초소형, 저전력 개념으로 집약되어 있으며, 특히 모션 트래킹 센서는 모바일 기기에 이어서 웨어러블 기기, 안전 강화나 무인 자동차와 같은 탈것들, 드론이나 비행 택시 등까지 확장 응용이 예상되고 있죠.

스마트폰으로 대표되는 모바일 기기에는 현재에도 센서들, 특히 MEMS 기술 및 제품들이 여럿 들어갑니다. 즉, 방위를 나타내는 나침반은 자기 센서$^{magnetic\ sensor}$로서 주로 자기장에 따른 저항 변화를 측정하고는 있지만, 이후 홀 센서$^{Hall\ sensor}$와 로렌츠 힘을 이용한 자기장 센서 등으로 변화될 가능성도 적지 않죠. 그리고 기압 변화를 측정하여 고도를 읽는 압력 센서, 온도 센서, 음향신호를 전기신호로 변환하여 주는 MEMS 마이크로폰, 지문 인식 센서 등이 있습니다. 이에 더하여 가속도와 각속도를 측

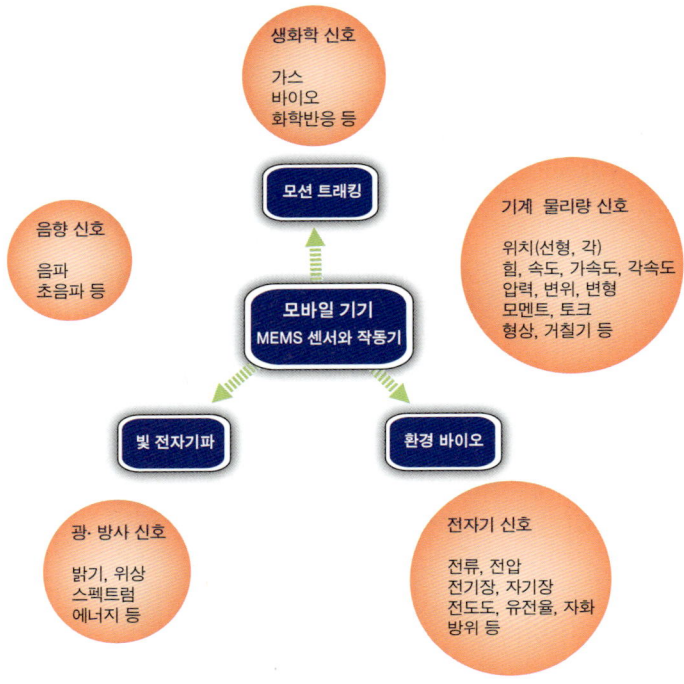

MEMS의 응용 분야

정하여 직선운동과 회전운동을 감지하는 관성 센서류가 있죠. 스마트폰이 출현한 이래로 MEMS 센서류가 다양하게 채택되고 있습니다. 모션 센서로 대표되는 움직임과 방위, 고도 센서가 있으며, 가시광, 밝기, 3차원 시각 센서, 근접 센서 등 빛을 감지하거나 감지에 응용하는 광 센서류가 있습니다. 그리고 온도와 습도, 자외선이나 유해 가스, 미세 먼지, 간단한 의료 정보들을 제공하는 환경 및 바이오 센서류 등 기술이 발전하면서 센서들의 종류와 수량이 꾸준히 확장되고 있습니다. 이러한 센서들에 더하여 마이크로폰과 스피커, 자동 초점$^{\text{auto-focus}}$ 기구, 피코 프로젝터, 통신용 부품 등에 MEMS가 사용되고 있거나 적극 개발 중인 상황입니다.

반도체, 4차 산업혁명의 밑알이 되다

4차 산업혁명의 핵심 키워드는 지능화, 연결성, 자동화입니다. 사물이 소프트웨어 및 하드웨어적으로 지능이 높아지고 사물들이 서로 연결된다면 자동화 개념은 저절로 도입되죠. 정보통신 기술의 융합적 발전을 통해 고지능형, 초연결성 시대로의 전환이 4차 산업혁명의 시작이라는 점에는 이견이 없습니다. 따라서 4차 산업혁명의 시대에 들어서면서 데이터의 획득에서 시작하여 저장과 처리, 그리고 출력과 피드백으로의 순환을 책임지는 반도체 소자들, 즉 센서, 메모리와 시스템 반도체, 디스플레이와 MEMS의 역할은 아무리 강조하여도 지나치지 않습니다. '반도체와 4차 산업혁명'을 모두 다룰 수는 없지만 핵심 기술과 응용 분야인 모션 트래킹, 사물 인터넷과 스마트 홈, 공장 자동화로 이야기를 이어갑니다.

MEMS

작고, Micro-
생각하고, Electro-
움직이는, Mechanical-
장치, System

작아서 보이지 않는 생명체에
지능이 있다면
그 강력함이란~

이제부터는 상상

MEMS(Microelectromechanical systems) is the technology of
microscopic devices and systems incorporating
both electronic and moving parts and
fabricated using semiconductor fabrication techniques.

반도체를 통한 데이터 흐름의 완성, 4차 산업혁명의 시대를 열다

4차 산업혁명의 시대입니다. 18세기 후반(1784년) 영국에서 증기기관의 발명으로 인간의 힘에서 기계적 동력으로, 기계화된 생산 설비로 전환된 1차 산업혁명이 일어났고, 19세기 말(1870년) 미국에서의 전기에너지 도입으로 대량생산, 컨베이어 벨트의 시대를 연 2차 산업혁명이 일어났습니다. 20세기 중·후반(1969년) 전자 기술의 발달로 인한 컴퓨터의 활용, 인터넷 통신, 생산 제어 시스템의 고도화로 대표되는 3차 산업혁명이 미국, 독일, 일본 등을 중심으로 확산되었습니다. 생산과 관련된 측면에서 볼 때, 1차 산업혁명은 공장 생산 체제의 서막을 알렸으며, 부르주아 계급이 본격적으로 등장하는 계기가 되었죠. 2차 산업혁명은 작업 표준화와 분업의 확립을 통한 대량생산 체제로의 진입이었고, 3차 산업혁명은 공작 기계와 산업용 로봇을 활용한 공장 자동화 시대를 열어 생산성에서 혁명을 가져왔습니다.

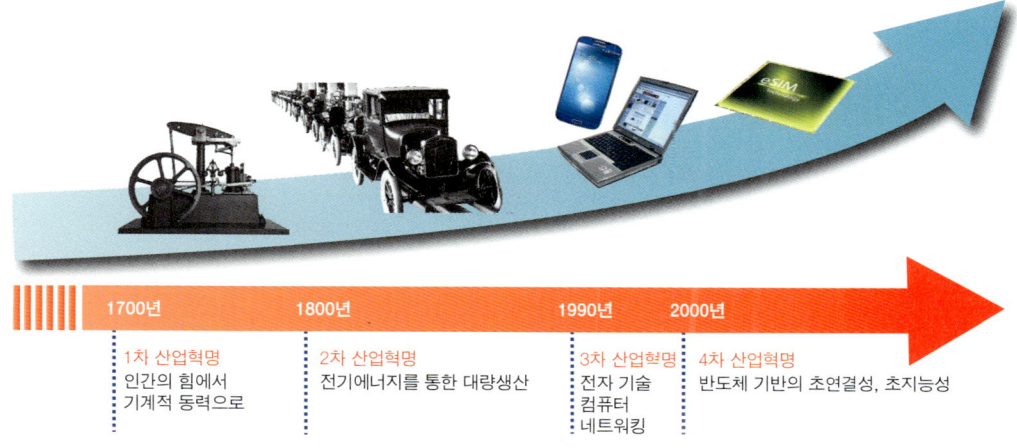

산업혁명의 진화

그리고 21세기에 들어서면서 4차 산업혁명이라는 용어가 본격 등장합니다. 2016년 세계경제포럼이 도화선이 되었죠. 초연결성, 초지능성 기반의 체제로 일컬어지고 있지만, 실체가 명확하지 않아 3차 산업혁명의 연장선이라는 주장도 있죠. 그리고 1차에서 3차까지의 산업혁명이 각각 증기기관과 전기에너지 그리고 컴퓨터와 로봇 등에 의해 대량생산의 진화로 이어져 왔듯이 4차 산업혁명의 본질도 디지털 기술에 의해 이루어지는 '생산 혁명'으로 예측되고 있습니다. 다만, 4차 산업혁명에서의 생산 개념은 3차 산업혁명의 공장 자동화에 더하여 기계와 로봇이 능동적인 판단과 자율적인 수행으로 기존의 소품종 대량생산 시스템에 버금가는 다품종 소량생산 시스템을 공고히 할 것으로 예측됩니다. 그리고 이러한 변혁은 굳이 생산 분야에서만 국한되지 않고 초지능화, 초연결성을 통하여 사회 전반으로 확대되어 산업구조는 물론 사회 시스템까지 혁신을 이룰 것입니다. 한편에서는 1차~3차 산업혁명을 '제조업을 중심으로 한 생산 혁명'으로 묶고, 4차 산업혁명은 '전 산업 분야에 걸쳐 일어나는 소비 혁명'으로 차별화하는 의견도 대두되고 있습니다.

요약하면, 1차 산업혁명에서는 증기기관을 토대로 개인의 노동을 기계가 대신하였고, 2차 산업혁명에서는 전기에너지를 토대로 하여 인간들의 노동을 공장의 대량생산이 대신하였으며, 3차 산업혁명에서는 컴퓨터를 중심으로 개인의 사고를 컴퓨터가 대신하였습니다. 4차 산업혁명의 시대에서는 정보통신 기술을 바탕으로 인류의 사고를 인공지능이 대신한다고 단적으로 표현할 수도 있겠죠.

지능화, 연결성, 자동화

4차 산업혁명의 핵심 키워드는 지능화, 연결성, 자동화입니다. 사물이 소프트웨어 및 하드웨어적으로 지능이 높아지고 사물들이 서로 연결된다면 자동화 개념은 저절로 도입이 되죠. 정보통신 기술의 융합적 발전을 통해 고지능형, 초연결성 시대로의 전환이 4차 산업혁명의 시작이라는 점에는 이견이 없습니다. 이 과정에서 더욱 강화되는 기술 및 산업 분야나 새로이 탄생하는 신개념 요소 기술들로는 크게 네 개의 분야를 들 수 있습니다. 빅데이터와 클라우드 컴퓨팅, 인공지능 Artificial Intelligence, AI과 로봇, 사물 인터넷 Internet of Things, IoT, 3차원 프린팅 3D printing 또는 additive manufacturing과 나노 기술로 구분할 수 있습니다. 각각 초지능화와 초연결성, 고생산성을 대표하는 기술들이죠. 이에 더하여 세부 개념이나 기술들인 자율 로봇 autonomous robot, 시스템 통합 system integration, 가상/증강 현실 VR/AR, Virtual Reality/Augmented Reality 그리고 프로그래밍으로 만들어진 가상 cyber 세계와 물리적인 physical 실제의 세계를 통합하는 가상 물리 시스템 Cyber Physical System, CPS 등을 꼽을 수 있습니다.

즉, 막대한 데이터들의 수집과 조사, 분석을 통하여 최적의 시뮬레이션이 이루어지며, 이 과정과 결과들은 인터넷 연결 능력을 가진 사물을 비롯한 모든 곳으로 전달되며, 이를 통하여 스스로 학습, 판단, 결정을 할 수 있는 두뇌, 그리고 높은 수준의 근육을 가진 기기들이 최첨단 기술 공법과 행위로 사회생활, 생산 전반을 지원하는 스마트 홈, 스마트 빌딩, 스마트 카, 스마트 트래픽, 스마트 팩토리, 스마트 에너지 등으로 이어집니다. 이상이 4차 산업혁명의 실체와 목표라 할 수 있죠. 이러한 모든 분야에서 반도체는 신호의 취득, 취합과 연결, 가공과 처리, 제공을 위한 핵심 분야가 되고 있죠. 우리의

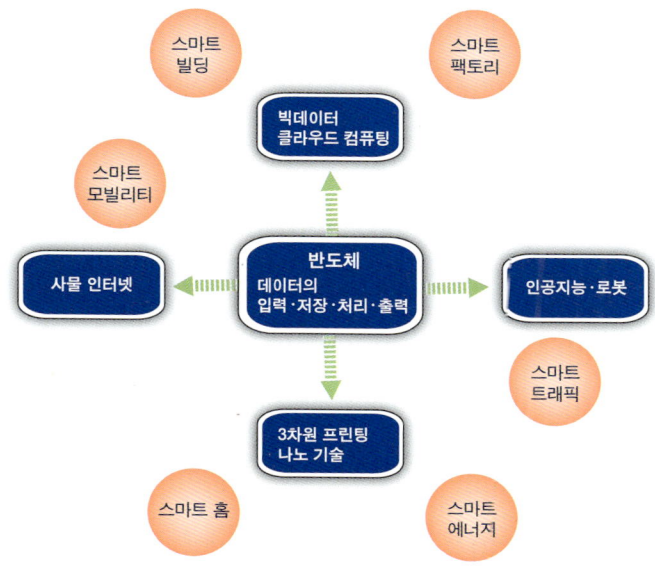

4차 산업혁명의 핵심, 반도체

실생활과 밀접한 관련이 있는 사물 인터넷에 관하여 조금 더 들어가 보겠습니다.

사물 인터넷은 사물들things이 실시간 인터넷으로 연결되는 기술이나 환경입니다. 여기에 주체인 사람까지 더해지죠. 사람의 생활, 생산 활동 등에 필요한 사물을 인터넷으로 연결하여 정보를 주고받으며, 요구나 명령, 이에 따른 행위와 결과까지를 영위하는 것입니다. 사물은 똑똑해지고 인간은 편해지죠. TV 혹은 기상청과 연결된 우산이 비가 올 것을 미리 알고 집을 나서는 누군가에게 알람을 줍니다. 기차가 연착된다는 정보를 얻은 시계가 알람 시간을 조정할 수도 있죠. 길을 가다가 지갑을 떨어트리면 지갑은 스마트폰을 통하여 위치를 알려 주죠. 까다로운 피아노는 연주하지 않으려면 중고 판매를 제안하기도 합니다.

스마트폰이 출현하기 전, 인터넷 연결은 '장소와 장소 간의 연결place-to-place'이었습니다. 스마트폰의 시대에서는 '사람과 사람 간의 연결people-to-people'로 확장되었죠. 즉, 수억 개의 연결이 수십억 개가 되었습니다. IoT 시대에 들어서면서 '사람과 사물 간의 연결people-to-things'에 더하여 '사물과 사물 간의 연결things-to-things'로 더욱 확장될 것입니다. 수백억 개 이상의 연결 고리들이 형성되죠. 즉, 사람과 사물 간의 연결(수직형), 사람을 중심으로 한 사물들간의 연결(방사형), 나아가서는 사람도 사물의 한 요소에 해당하는 사물들 간의 연결(망상형network-type)까지를 생각해 볼 수 있습니다. 사물 인터넷에서 만물 인터넷Internet of Everythings, IoE로의 진화죠. 더 나아가서 사람이 제외된다면 사물의 혁명, 기계 혁명, 로봇이

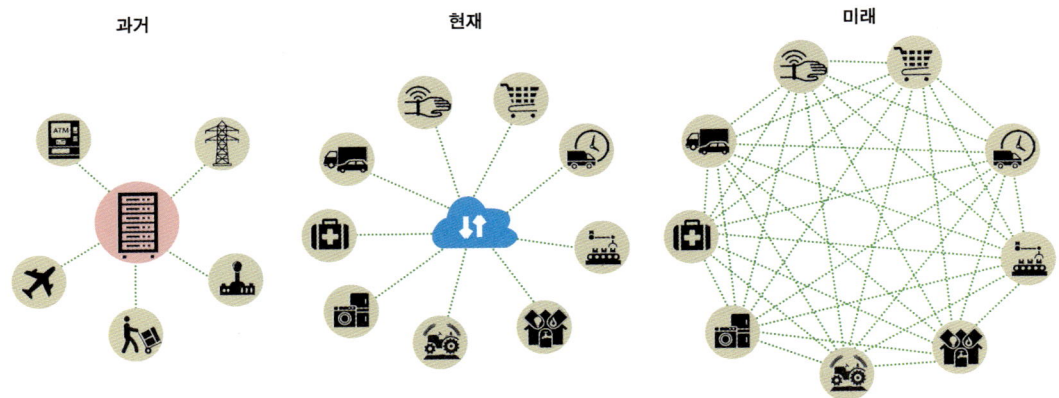

사물 인터넷의 확장

인간을 지배하는 세계로의 확장까지도 고민하여야 합니다.

　메모리와 시스템 반도체, 소프트웨어 기술을 통한 초지능화, 인터넷 그리고 센서 및 작동기actuator 기술로 대표되는 초연결성 및 고생산성은 4차 산업혁명의 총아입니다. 세상이 모두 똑똑해진 거죠. 미래의 제품들은 네트워크를 통하여 소프트웨어로 제어가 되는 하드웨어들이죠. 현실 세계real, physical world만큼 넓은 가상 세계virtual, digital word가 만들어집니다. 두 세계의 연결 고리는 단연코 반도체를 통하여 이어집니다. 현실 세계의 신호들이 센서를 통하여 가상 세계로 들어오고, 이러한 신호 데이터들은 메모리와 시스템 반도체를 통하여 저장이 되고, 처리가 되죠. 이러한 데이터의 흐름과 제공 과정을 거쳐 가상 세계의 요구가 작동기를 통하여 현실 세계로 전달됩니다. 여기에 중추적인 역할을 하는 사물 인터넷의 세계는 세 가지로 구성되죠. 소자부에 해당하는 센서와 네트워크, 데이터의 수집과 분석 그리고 연결 통로 역할을 하는 플랫폼부, 이를 통한 작동과 활용을 수행하는 응용부로 말이죠. 물론 이들은 일방통행이 아닌 상호 쌍방향 시스템입니다. 입력-처리-출력으로 이루어지던 종래의 시스템이 아닌 초연결성을 기반으로 하는 시스템, 즉 입력이 출력이 되기도 하고 출력이 다시 입력이 되기도 합니다. 그리고 이러한 사물 인터넷 세계에서의 주역은 단연코 사물과 인간 그리고 서비스죠.

　물론, 현실과 가상의 두 세계가 4차 산업혁명과 함께 갑자기 등장한 것은 아닙니다. 점차로 이루어지고 연결되고 있다가 4차 산업혁명에서의 요소 기술들이 본격적으로 개발되면서 눈앞으로 바짝 다가온 것이죠. 앞서 말하였듯이 두 세계의 연결 고리인 플랫폼이 PC 통신에서 월드와이드웹World Wide Web, WWW과 모바일 기기를 통하여 사물 인터넷으로 마련된 것입니다. 4차 산업혁명 그리고 사물 인터넷으로 인하여 세상과 사회는 스마트해지고 있습니다.

일례로, 우리 생활의 중심이 되는 '스마트 홈'을 살펴볼까요. 스마트 홈에서는 용어 그대로 집 또는 집의 요소들이 스스로 판단하고 생각하고 결정합니다. 이는 우리의 일상을 더욱 쾌적하고 안전하며 건강하게 유지하기 위한 스마트 리빙과도 연결되죠. 지금의 주택이나 가까운 미래의 주택에서 기능은 더욱 다양해집니다. HVAC^{Heating, Ventilation, Air Conditioning}(난방, 통풍, 공기 조화)의 최적 조절로 실내는 더 안락해지고, 태양광 패널은 에너지 공급원으로 자리를 잡아갑니다. 그밖에도 풍력 등의 추가 에너지원, 에너지를 효율적으로 관리하기 위한 스마트 그리드^{smart grid}, 스마트 미터링^{smart metering} 기술은 더 발달합니다. 화재 경보나 침입자 알림과 같이 안전과 보안

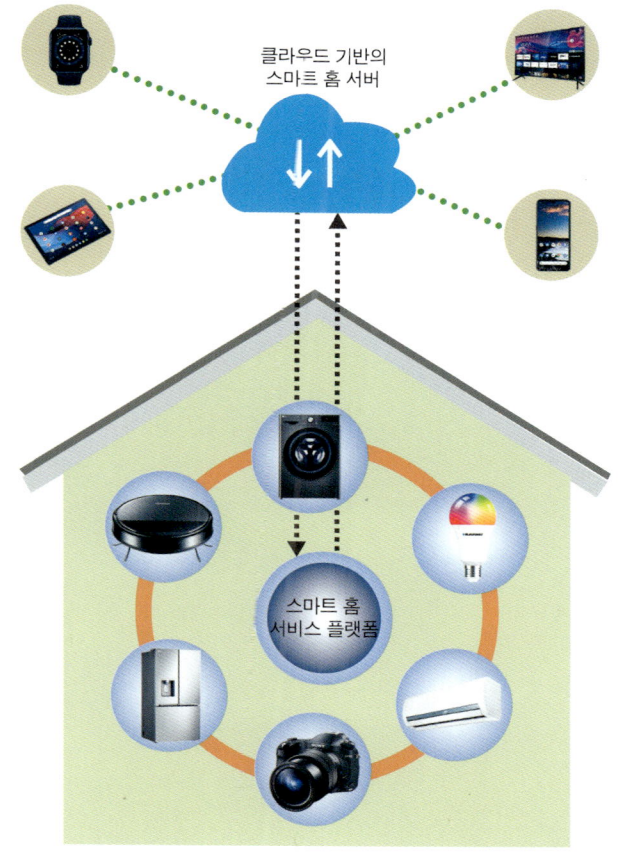

스마트 홈의 모형

기능은 더욱 강화되고, 외부의 조명이나 살수기^{sprinkler} 등의 기능은 한층 더 지능화가 되겠죠. 냉장고나 세탁기와 같은 가전 기기, 전기 자동차나 드론 등의 탈것 그리고 온라인 학습, 건강 체크, 게임이나 오락 등 집이 보유하고 있는 기능들은 점점 더 수준이 높아지며 다양화될 것입니다.

우리의 일상에서도 산업 현장에서도 'smart'라는 용어가 앞에 붙고 있죠. 똑똑하여서 언제나 쾌적하고 안전한 집, 효율적인 건물들, 잘 달려가고 편하게 운전이 되는 차, 힘들게 노동하지 않아도 물건들이 잘 만들어지고 있는 공장, 버려지는 에너지와 환경오염이 흠뻑 줄어든 세상 등등 말입니다. 이들 모두를 위한 신호의 시작과 끝, 그리고 다시 시작으로 이어지는 무한 루프의 중심에는 반도체가 있습니다.

스마트 사회

자동차도
집도
거리도 건물도
모두들 스마트해지는데
스마트에서 멀어지고 있는
나는

로봇에게
인공지능에게
기대어
살아가는
4차 산업혁명 시대의
고독한 인간

The Fourth Industrial Revolution conceptualizes rapid change to technology, industries, and societal patterns in the 21st century due to increasing interconnectivity and smart automation.

The smart society successfully harnesses
the potential of digital technology and connected devices and
the use of digital networks to improve people's lives
in the 4th Industrial Revolution era.

반도체의 앞날, 반도체 한국의 넘버원을 소망하며

4차 산업혁명의 시대로 깊이 들어갈수록 반도체의 중요성은 높아집니다. 사물과 기계가 지능화되면서 반도체의 역할은 인간의 두뇌, 오감, 가슴과 심장, 신경망으로 확장되어 지식과 감성, 지성을 무생명체에게 부여하려고 합니다. '인공지능의 혁명', '세미콘 휴머노이드', '인간형 반도체' 등의 혁신적인 기술 영역의 중심부에는 반도체가 깊게 자리하고 있죠. 나아가서는 인공지능과 빅데이터 기술을 기반으로 하는 실시간 핵심 운영 체계까지 예측이 되고 있습니다. 미래 사회에서 시스템이 '인간에 이르느냐' 혹은 '인간을 넘어서느냐'는 전적으로 반도체 기술에 의존합니다. 오감에 감응하는 인간형 반도체에서 알 수 있듯이, 신호의 감지부터 기억, 처리와 변환 등 휴머노이드의 피부에서부터 뇌에 이르기까지 모든 영역을 반도체가 감당하여야 합니다.

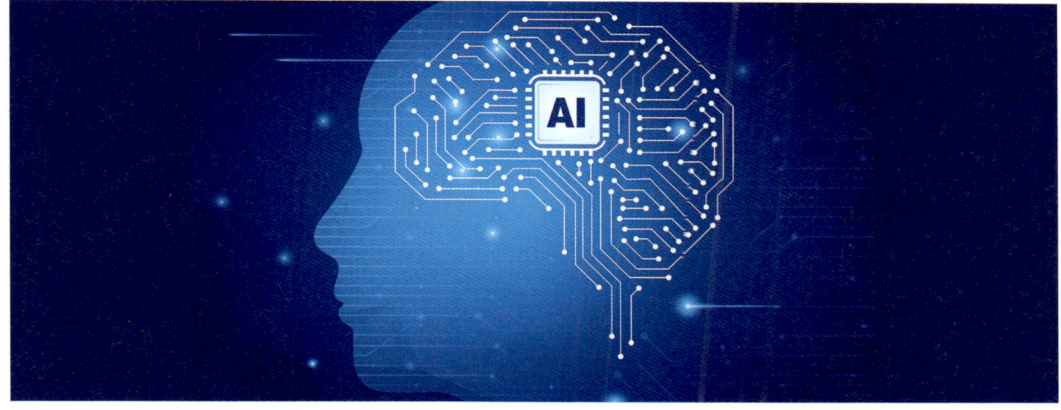

LX세미콘

메모리 반도체는 한국 주도, 시스템 반도체는 미국 주도라는 기존 구도가 깨어지고 확장되는 것은 시간 문제입니다. 제조 기술의 명가인 대만은 물론 한숨 돌리고 있는 거인 일본 그리고 과격한 진군의 속도는 다소 무디어졌지만 꿈은 여전히 한곳을 향하고 있는 거대 공룡인 중국은 우리에게는 늘 큰 위협이죠. 중국의 멈칫거림은 미국이 주도하고 한국과 일본 그리고 대만이 함께 하는 '칩4 동맹'으로 견제를 당하고 있기 때문이죠. 즉, 미국은 설계와 연구 개발, 일본은 제조 장비와 소재, 한국과 대만은 각각 메모리와 비메모리 제조 기술을 강점으로 역할을 담당하면서 중국을 고립화시키고 있지만, 이미 대규모 투자가 진행되었고 큰 시장을 가지고 있는 중국이 반도체를 포기하는 일은 없을 듯합니다. 이런 상황에서 한국은 한쪽으로 다소 기울더라도 균형을 완전히 잃지는 않아야 할 것이며, 기술 경쟁력을 더욱 강화하면서 미국과 중국, 어느 쪽에서도 무시당하지 않을 '슈퍼 을(乙)' 전략을 구가하여야 합니다.

동맹은 동맹일 뿐입니다. 언제든지 깨어질 수 있으며, 이해관계에 따른 체인징 파트너, 서로 무너뜨리고 딛고 올라서기는 당연지사입니다. 대만은 언제라도 중국과 또 다른 '차이완' 관계를 회복할 수 있으며, 생산 시설을 한국의 절반 기간에 구축할 수 있는 등 범국가적 차원의 지원이 매우 강한 나라입니다. 미국은 자체적으로 생산 거점을 구축할 경우 한국에 대해 기꺼이 주종 관계를 이루려 할 것입니다. 이러한 미국은 최근에 다시 일본의 반도체 재도약을 기꺼이 돕고 있습니다. 1980년대 일본을 적극 견제하였던 우리에게 64KD램 기술을 전수하였던 마이크론의 D램 생산 공장이 일본을 향하고 있으며, 2020년에 들어서면서 일본 정부는 수십조 원의 정부 지원금이 투입 중입니다. 소니와 도요타 등 한 시대를 풍미하였던 일본 기업들이 반도체 합작 회사를 꾸리고 있으며 대만의 TSMC도 기꺼이 합류하고 있습니다. 경쟁국 간의 또 다른 동맹은 한국에 위기로 다가올 수 있죠. 금후 일본의 노력이 반도체 산업을 부흥시켜 한국에 위협이 될 수 있을지는 의문입니다만, 과거 1980년대 초반에 일본 기업들이 삼성을 보던 시각도 비슷했습니다. 특히 일본이 가진 고유의 강점 분야인 소재와 부품, 장비(소부장)를 고려할 때 특정 영역에서의 '슈퍼 을' 강국으로 성장할 가능성은 충분합니다. 마치 대만의

❶ 평택 파운드리 공장 내부 모습
❷ 평택 반도체 산업 단지
❸ 반도체 산업 인력 양성
❹ 반도체 산업의 안정된 자립화
(삼성전자)

TSMC나 네덜란드의 ASML처럼 말이죠.

　한국은 표면상의 동맹을 유지하면서 스스로의 능력을 키우고 지평을 넓혀 가야 합니다. 반도체 산업을 견인하는 두 힘은 '생산력(수율)과 기술력(집적도)'이죠. 경쟁국들과의 외교적 균형을 유지하면서 특정 분야에서의 '슈퍼 을' 전략과 함께 시스템 반도체로의 영역 확장이 급선무입니다. 특히 생산력을 가늠하는 파운드리 산업을 더욱 키워야 하며, 외국 반도체 기업들을 유치하기 위한 반도체 단지들을 조성하여야 합니다. 대만과 일본이 태평양 지진대에 위치하고 있다는 약점을 충분히 활용할 필요가 있죠. 기술력은 신기술 개발 자체도 필요하지만 이를 경쟁국으로 유출하는 산업 스파이들을 막기 위한 기술 보호 수단과 정책 또한 매우 중요합니다. 그리고 더욱 왕성한 전문 인력 양성은 급선무이죠. 우수한 청소년, 젊은이들을 더 많이 필요로 하며, 이러한 두뇌들의 미래가 한국 반도체의 희망을 이어 가기를 바라봅니다.

　한국의 첨단 산업을 겨냥한 일본의 소부장(소재 부품 장비) 수출 규제 정책은 한국에 혼란을 야기하였지만, 시간이 경과하면서 우리는 원천 기술 개발과 인프라 구축을 통하여 이 위기를 잘 극복하고 있고, 이를 통하여 한국의 핵심 원천 기술도 진일보하였습니다. 그러나 아직도 부족합니다. 평균 국산화율은 50% 정도입니다. 더욱 분발하여 70~80% 이상은 되어야 반도체 산업의 안정된 자립화를 이룰 수 있습니다. 이를 위해 개발된 소재, 부품 그리고 장비의 시험과 검증을 위한 공동 테스트 베드의 구축을 서두르고 있죠. 유럽의 종합 반도체 연구소인 IMEC의 한국형 모델 발굴을 예로 들 수 있습니다. 이와 함께 중소 중견 기업이 개발 생산한 제품들의 활성화를 위해서 규격과 인증, 안전 등의 표준화를 적극 추진 중입니다. 이와 같이 반도체 산업의 전후방 산업 토대가 굳건해지고 있는 만큼 앞을 향해 더욱 발전된 이론과 원리, 기술 개발을 필요로 합니다.

　금후 초미세 공정보다는 첨단 패키징 기술이 집적도를 좌우합니다. 반도체 칩에는 소자나 부품 차원을 넘어 시스템 차원의 회로가 집적화되고 있죠. 시스템의 기능이 다양해질수록 칩의 크기가 증가하여야 하는데 여기에는 한계가 있습니다. 이의 해결책으로 여러 칩들을 차곡차곡 쌓는 3차원 적층 집적과 하나의 패키지에 여러 종류의 미소칩들을 접합하여 시스템 수준을 구현하는 이종 집적 heterogeneous integration이 시도되고 있죠. 하나의 칩으로 시스템을 구현하는 SoC System-on-Chip에서 한 패키지에 시스템을 넣는 SiC System-in-Chip으로 진화 중입니다. 서로 다른 종류의 반도체 칩들을 수직 또는 수평으로 연결하면서 시스템을 구현하죠. 즉, 3차원 적층에서는 일반적으로 로직칩 위로 메모리칩을 쌓아 올리며, 하나의 3차원 칩 안에서 연산과 저장이 함께 수행됩니다. 집적도에 더하여 신호 전송 경로가 짧아지므로 신호 대 잡음비와 데이터 처리 속도를 높일 수 있고 메모리를 계속 쌓아 올려 저장 공간을

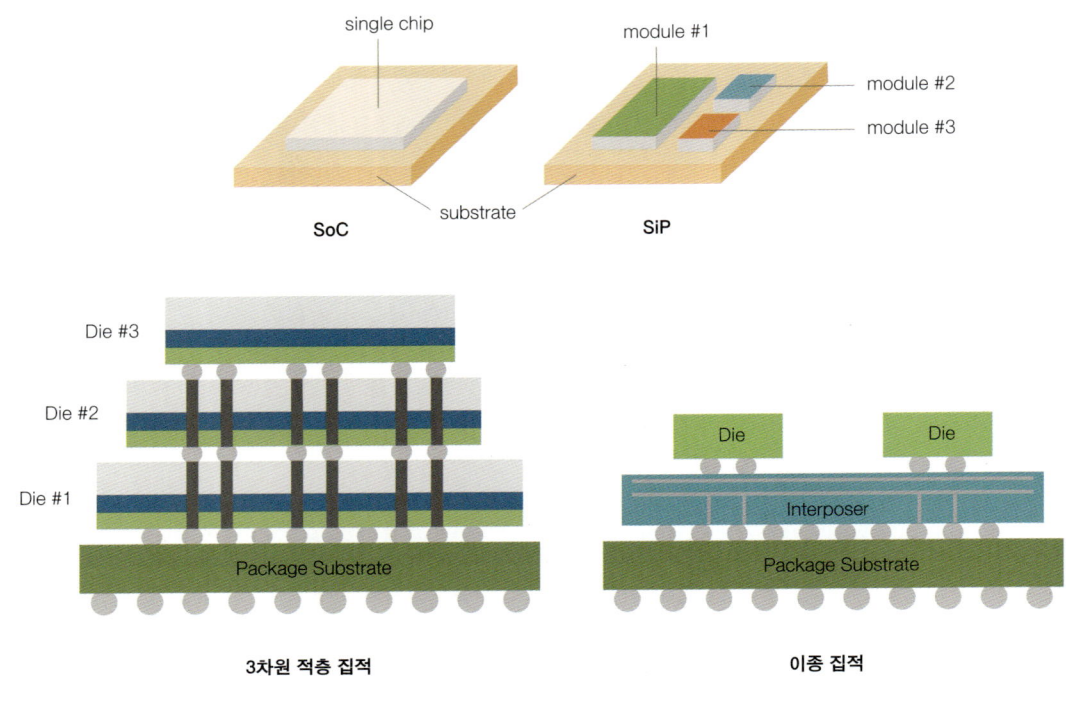

칩의 집적화

키울 수 있죠. 이종 집적의 경우, 하나의 기판에 로직칩과 메모리칩을 같이 올리는 방법으로 다양한 칩들을 하나의 패키지 안에 배치하여 집적도를 높일 수 있습니다. 이렇게 칩의 집적도는 점점 패키징에 의존하고 있습니다. 파운드리의 경쟁력은 패키징 기술에 의존할 가능성이 커지고 있죠. '다수의 칩들을 함께 집적화한다'라는 의미의 MDI^{Multi Die Integration}라는 패키지 협의체의 명칭이 이를 잘 표현하고 있습니다. '뭉쳐야 산다'는 당연지사가 반도체에도 적용됩니다.

트랜지스터의 구조를 개선하거나 나아가서는 트랜지스터가 아닌 소자들로 스위칭 기능을 얻으려는 노력도 꾸준히 이어져 왔습니다. 트랜지스터의 구조는 일반적인 MOSFET, 즉 평면 구조의 채널을 갖는 planar FET의 채널 길이를 줄이는 시도를 통하여 15나노급까지는 도달하였죠. 채널 길이가 줄어들면서 소스와 드레인 간을 흐르는 누설 전류의 제어가 어려워졌고, 이를 해결하기 위해 물고기 지느러미 모양의 2차원 채널 구조를 형성하여 세 개의 면을 채널로 사용함으로써 전류 제어 능력과 동작 전압을 향상시켰습니다. 이를 FinFET 구조라 하며, 4나노급까지 집적도를 끌어올렸죠. (☞22쪽 2차원 물질 트랜지스터와 FinFET 그림 참조) 4나노급 이하에서는 네 면 전체를 채널로 이용하는 GAA^{Gate-All-}

96

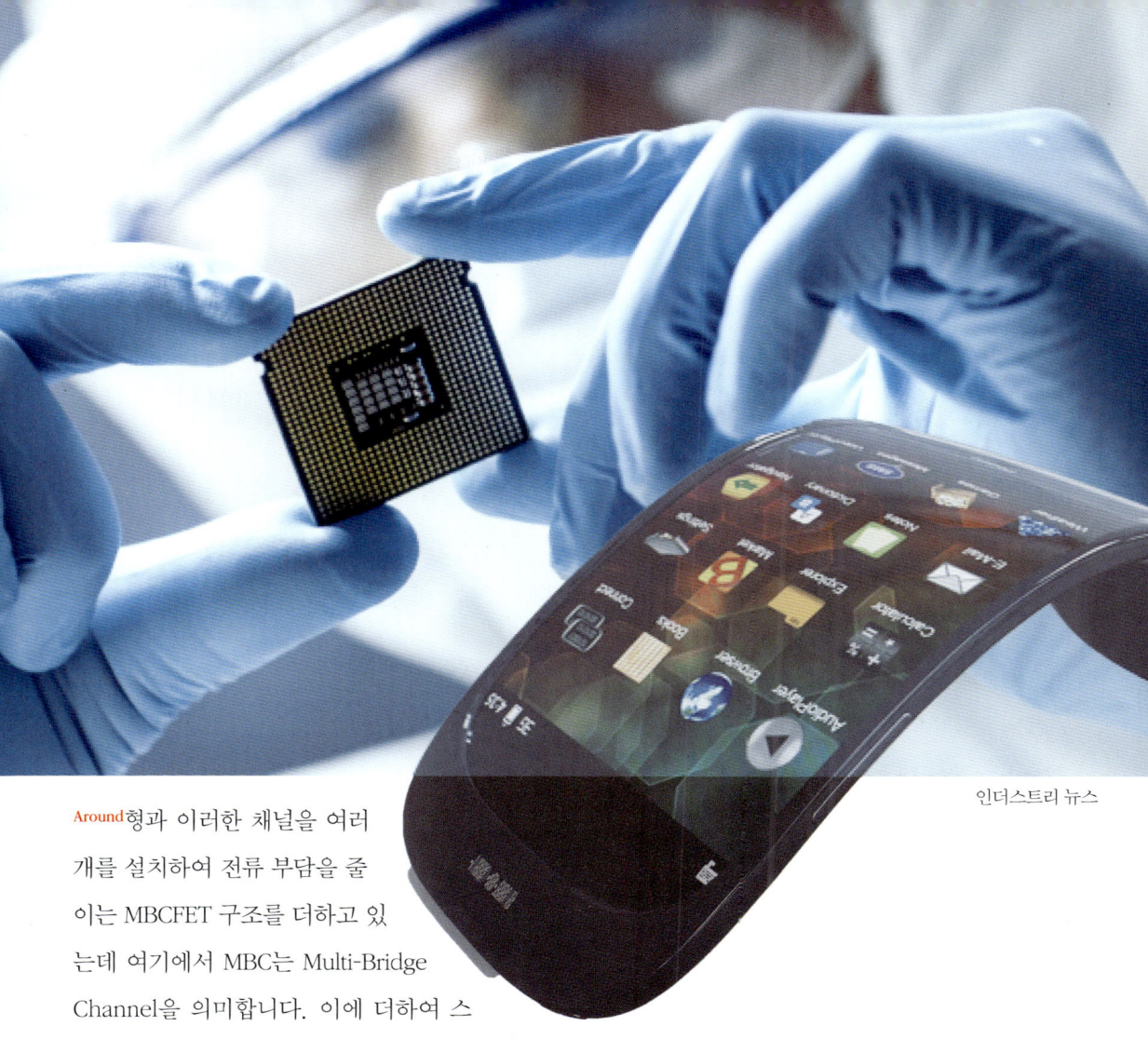

인더스트리 뉴스

Around형과 이러한 채널을 여러 개를 설치하여 전류 부담을 줄이는 MBCFET 구조를 더하고 있는데 여기에서 MBC는 Multi-Bridge Channel을 의미합니다. 이에 더하여 스위치 소자로서 MOSFET이 아닌 다른 구조의 소자들을 적용하려는 시도도 활발합니다. 일례로 터널링 현상을 이용하는 터널 FET, 마이너스 정전용량을 갖는 트랜지스터 등을 들 수 있습니다.

    실리콘 반도체에 칩을 만들되 캐리어가 흐르는 채널을 다른 소재들로 대체하여서 전하이동도를 높이고 이를 통하여 더욱 빠른 속도를 실현하기 위한 노력도 한창입니다. 게르마늄(Ge)을 실리콘과 혼합한 SiGe 채널을 써서 전하이동도를 높이기도 하고, 인듐(In)-비소(As)와 같은 III-VI족 반도체 나노 와이어를 게이트 전극에 두르는 GAA 구조, 탄소나노튜브 Carbon Nano Tube, CNT나 그래핀 등과 같이 실리콘에 비하여 전하이동도가 훨씬 큰 소재들이 앞으로의 채널로서 연구가 되고 있죠. 이러한 나노 와이어 혹은 2차원 물질 구조는 전기적인 성능 향상과 더불어 휘거나 접을 수 있는 전자 소자에 어울리는 형상적인 특성도 함께 지니고 있습니다. 이와 함께 낮은 대기 전력 소모를 위해 인듐(In), 갈륨(Ga), 산화아연(ZnO)으로 구성된 4성분계 IGZO 금속 산화물 소재가 제안되기도 합니다. 새로운 채널 소재들은 3차원 적층 채널 소재로도 적용되어 신개념 아키텍처를 제안하고 있죠.

이에 더하여 컴퓨터의 기본적인 메커니즘이나 아키텍처 자체를 바꾸려는 시도도 매우 활발합니다. 기존의 폰 노이만 아키텍처에서 인간의 두뇌 신경망, 인공지능을 활용하는 두뇌 모사 컴퓨팅, 디지털 체계를 뛰어넘는 양자 컴퓨팅 등은 반도체가 이룰 수 있는 신개념의 컴퓨터 시대를 그리고 있습니다. 예를 들어 폰 노이만 구조가 지니고 있는 메모리와 중앙처리장치(CPU) 간의 데이터 병목 현상을 해소할 수 있도록 생물학적 신경망의 효율적인 연산 처리 기능을 모사하는 뉴로모픽 컴퓨팅 기능을 도입하고 있죠. 이를 통하여 기존 컴퓨팅에 비해 수천 배 빠른 속도의 연산 처리가 가능하며 이를 위해 신경망 기능을 반도체 소자로 실현하려는 시도가 활발합니다.

정보 디스플레이 패널의 운동장(기판, substrate)이 유리에서 플라스틱으로 확장되었듯이 반도체 소자도 실리콘이 아닌 또 다른 웨이퍼나 기판으로 움직여 갈까요? 많은 전자 기기들의 폼팩터가 휘고 접고 동그랗게 말 수 있는 유연성, 나아가서는 신축성을 향하고 있는데 반도체 소자도 이에 걸맞도록 변화가 필요할지 더욱 폭넓게 생각해 볼 일입니다.

반도체와 디스플레이, 한국 산업을 견인하고 있는 축이죠. 그리고 한국 경제 발전을 견인하는 핵심 분야입니다. 'Winner takes all.' 기술에서는 선두(first mover)가 모두를 독식하고, 나머지를 뒤따라오는 경쟁자(fast follower)가 취합니다. 추격자는 있는 길을 따라가지만 선두는 없는 길을 만들며 나아가야 합니다. 탄탄한 기반의 전문성과 함께 창의력과 도전 정신이 강하게 요구되죠. 우수한 인력 양성이 급선무입니다. 지금까지의 반도체 이야기가 반도체 분야의 관심을 촉진하고, 반도체 산업으로 나아가는 단초가 되기를 소망합니다.

부록
APPENDIX

데이터의 발원지, 센서의 영토
센서 이야기
전자 디스플레이의 과거, 현재 그리고 미래

데이터의 발원지, 센서의 영토

1월은 한 해의 시작입니다. 한 해는 이렇게 또 시작하고 계절은 무르익어 가고 여물고 또 열매와 낙엽을 남깁니다. 우리는 뭔가를 계획하고 결심도 하고, 그렇게 살아가려고 노력하고 언젠가 한 해가 저물어 가면 뿌듯함과 반성이 함께 오죠. 겸허하게 뒤를 돌아보며. 그렇게 시간도 계절도 세월도 흘러 갑니다.

한 해, 두 해의 연속으로 이어지는 작금의 한 시대는 4차 산업혁명의 시대입니다. 우리의 일상생활로부터 집과 빌딩, 도로와 교통, 에너지, 다양한 탈것들, 지구 그리고 우주, 심지어 전쟁과 재난 프로그램까지 모든 것들은 지능화되어 가고 있습니다. 21세기에 들어오면서 여기저기에 스마트(SMART)란 접두어가 붙고 있죠. 스마트 홈을 나서며 스마트 카를 타고 스마트 도로를 지나 스마트 빌딩에 들어서고 스마트한 사물들에게 의존하여서 스마트함에 기대어 업무를 봅니다. 스마트 에너지는 적시적재적소에 에너지를 공급하고, 스마트 공장은 작업자가 없어도 물건을 만들어냅니다. 인간이 평생 도달할 수 없는 먼 곳으로 보낸 우주선들은 우주 공간을 넘나들며 스마트하게 작동하고 있으며, 한편으로는 전쟁이나 범죄까지도 스마트한 무기 체계나 프로그램들이 운영하고 있습니다.

한 해가 '시간의 흐름'이라면 작금의 한 시대는 '데이터의 흐름'이죠. 현실 세계(real world)의 데이터들은 센서에 의해 획득 및 수집되어 가상 세계(digital world)로 들어가서 반도체에 의해 가공, 저장, 처리되어 전달되고, 데이터를 전달받은 사물들은 그 데이터에 따라 현실 세계에서 작동기를 움직입니다. 일례로 불꽃이나 열기가 감지되면(데이터의 획득, 센서) 화재 여부를 판단하여 지시를 하고(데이터의 가공과 처리, 반도체), 그 지시에 따라 살수기가 작동되면서(작동기, actuator) 화재를 진압하게 됩니다. 추운 겨울날의 퇴근 시간, 집은 스마트하게 집주인을 맞이할 채비를 하죠. 센서는 온도를 감지하고 반도체는 추위의 정도를 판단하여 적당한 온도를 명령하며 작동기인 히터는 그 명령에 따라 가동을 하게 되고, 어느 이상 가동을 하여 적정 온도를 넘어서면 센서가 감지하고 반도체가 명령하여 히터는 멈추고……. 지구상 여기저기에서의 전쟁, 적군의 미사일이 날아오면 센서는 이를 감지하여 전달하고, 반도체는 전달받은 데이터를 판단, 적절한 명령을 보내고 이를 통하여 여러 작동기들을 통하여 요격과 대피 등 후속 조치가 뒤따릅니다. 물론 후속 조치 후의 결과도 센서가 감지하고 반도체가 판단하여 또 다른 후속 조치 혹은 상황 종료로 이어지고…….

글의 초입으로 돌아가 보죠. 센서는 데이터의 시작입니다. 데이터는 이렇게 또 시작하고(센서) 무르익어 가고 여물고(반도체) 또 열매와 낙엽을 남깁니다(작동기). 센서는 관심이 가는 데이터를 획득하는 소자로 입력은 모든 신호이나 출력은 반드시 전기적 신호이어야 하죠. 디지털 세계에서의 데이터는 전기신호로만 움직여 가므로. 반도체는 전기신호로 들어온 데이터를 가공하고 판단하고 처리(명령)까지 행하는 회로를 구성합니다. 작동기는 이 명령에 따라 행위를 하는 시스템으로 센서와는 반대로 입력은 전기신호, 출력은 필요로 하는 모든 영역을 망라합니다. 일례로 로봇의 팔, 공장의 제조기, 지금 우리가 보고 있는 화면인 디스플레이도 작동기입니다. 디스플레이는 전기신호를 빛 신호로 변환하며, 우리가 얻고 있는 모든 정보의 70퍼센트 이상이 시각을 통해 얻는 만큼 우리 실생활과 가장 밀접한 작동기라 볼 수 있습니다.

이 글을 읽어 가면서 우리에게 익숙한 두 개의 단어는 반도체와 디스플레이일 것입니다. 그만큼 대한민국 산업의 역군으로서 삼성과 SK하이닉스, LG 등 유수 기업들의 주력 품목이기도 하며, 정권이 바뀌어도 모든 정부에서 강조하는 한국 경제의 효자 종목이기 때문입니다. 이에 비하여 센서 산업은 아직은 생소합니다. 한 해의 시간 흐름의 시작인 1월은 소중한데 한 시대의 데이터 흐름의 시작인 센서는 다소 푸대접을 받고 있는 현실이죠. 센서의 역사와 전통은 반도체, 디스플레이보다 더 오래 되었고, 그 중요성은 뿌리 산업만큼이나 깊지만 소량 다품종이라는 점, 인지도가 높은 대기업이 아직은 미온적이라는 점, 미래 인재들의 시야에서 다소 벗어나고 있다는 점 등이 원인인 듯합니다. 데이터 의존 시대를 거닐며 데이터 흐름의 시작을 생각해 볼 일입니다. 깊고 푸른 강변을 산책하며 강의 발원지를 생각해 보듯이.

※ 〈고대 신문〉에 게재된 내용입니다.

센서 이야기

센서란?

당신을 사랑합니다. 마주보면서(시각), 내 목소리가 들리나요. 네, 속삭여 주세요(청각), 좀 더 가까이, 당신의 체취가 느껴지도록(후각). 그리고 손을 잡아 주세요. 따뜻한 손길(촉각)……. 그리고 우리 긴 입맞춤, 초콜릿처럼 달콤한(미각). 인간은 다섯 종류의 센서(sensor)를 가지고 있습니다. 행복하기 위하여, 또 사랑하기 위하여

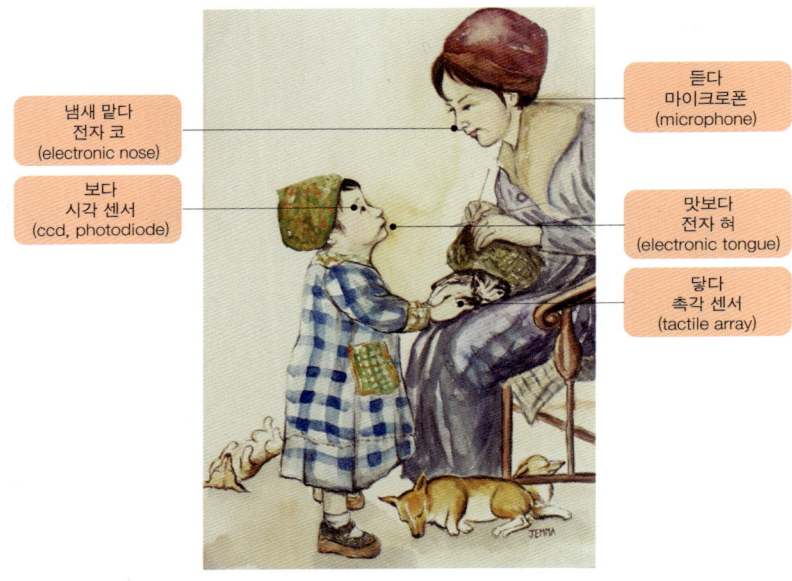

5감과 센서(그림, 이영순)

혹은 여섯 개일 수도 있지요. 그대 마음까지도 느껴진다면(심각?), 느낄 수 있다면. 어느 과학자는 무서울 때 소름이 돋고(피부의 형상 변화) 땀이 난다는(습도) 성질을 이용하여 두려움을 측정하는 센서, 심장박동과 체온 변화를 감지하여 사랑을 추측하는 사랑 센서도 연구 중이죠. 이렇게 센서는 인간의 감각을 실현하는 것으로부터 시작이 되었습니다. 시각은 이미지 센서, 청각은 마이크로폰, 촉각은 터치 센서, 미각은 전자 혀, 후각은 가스 센서나 전자 코로……. 그리고 마음 心, 심각은 인공지능이라면 가능할 겁니다.

센서(sensor), 1960년대 이전에는 검출기(detector)라는 용어를 사용하였죠. 그러다가 1960~70년대에 들어서면서 센서라는 용어가 활발히 사용되기 시작하여, 너무도 일반적인 용어가 되었습니다. 검출기가 다룰 수 있는 신호들이 급속도로 증가하고, 여기에 반도체 기술이 접목되면서 그 종류와 사용량이 급격하게 확산되는 과정을 통하여 등장한 전자 소자가 센서입니다. 센서 소자에 신호처리, 통신, 전력 공급부 등이 연결되면 센서 모듈이라고 하죠.

초기에는 센서가 측정만을 담당하였어요. 관심 있는 신호를 감지하여서 이 값을 정보 디스플레이나 기록계 혹은 다른 형태의 데이터로 전달하고, 우리에게 알려 주었죠. 그러다가 측정된 신호들을 조사, 분석하고 이를 토대로 다시 작동기(actuator)를 가동시키도록 발전되어 갔죠. 화재가 났다고 가정해 보죠. 온도 센서나 연기 센서가 불꽃을 감지하고, 이 데이터를 제어 장치로 보내면 살수기(sprinkler)를 가동시켜 불을 끄게 됩니다

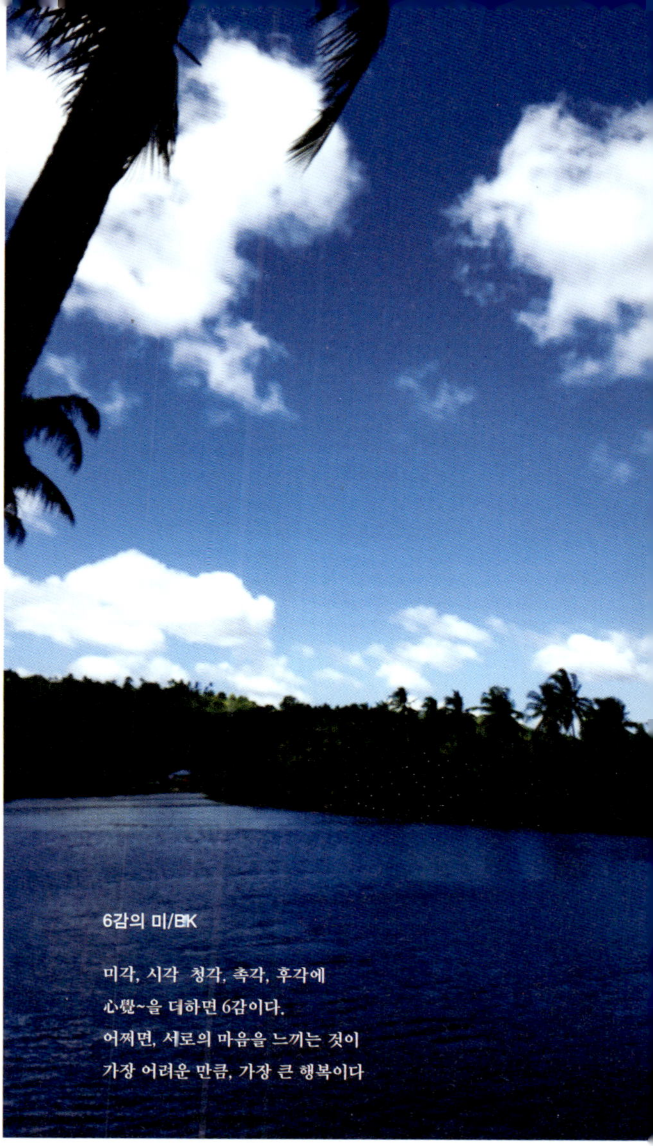

6감의 미/BK
미각, 시각 청각, 촉각, 후각에
心覺~을 더하면 6감이다.
어쩌면, 서로의 마음을 느끼는 것이
가장 어려운 만큼, 가장 큰 행복이다

心覺(사진과 글, 주병권)

센서부
제어부
작동부
열 감지
신호 전송
살수기 작동
물 뿌림

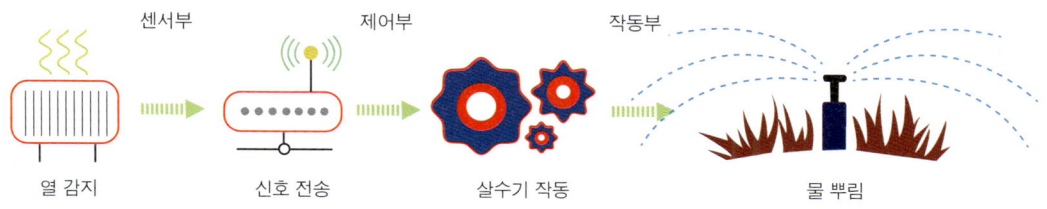

센서와 작동기의 연결

이러한 구도로 계측 제어 시스템, 폐루프가 완성됩니다. 즉, 다양한 신호들을 감지하고 이를 분석하여서 이 신호들에 대응하는 행동을 유도하는 시스템이죠. 실생활에서, 산업 현장에서, 그리고 다양한 환경에서 감지하여야 할 신호들을 측정, 분석, 처리하고 이를 토대로 제어기가 필요한 기기들을 가동시킨다면 실내의 쾌적함, 자동차의 안전성, 공장의 생산성 등은 매우 향상될 것입니다. 센서로 시작되는 계측 제어 시스템의 완성도가 높을수록 스마트 홈으로 집은 똑똑해지고, 스마트 카로 자동차는 더욱 안전하고 편리해지고, 스마트 팩토리로 생산 현장에서 작업자의 필요성은 줄어들어 집에서 생산 현장에서 사회에서 인간이 하여야만 하는 일들은 점점 더 줄어 갑니다. 4차 산업혁명의 시대, 일자리가 줄어든다고요? 괜찮아요. 효율은 높아지고 삶은 더 풍족해지니까, 그동안 시간과 여유 부족으로 하지 못하였던 일들, 취미와 예술 활동에 쓰면 행복감은 배가되겠죠.

두 가지 용어가 나왔어요. 센서와 작동기. 센서는 주로 입력부에 존재하고 작동기는 출력부에 해당하죠. 센서가 신호를 감지하고 작동기는 이 신호에 따라 필요한 동작을 합니다. 센서든 작동기든 간에 하나의 신호를 다른 신호로 바꿔 준다는 의미에서는 같습니다. 다만, 센서의 경우 데이터를 전송하고 장치들이 읽을 수 있게 하려면 감지된 신호를 전기적인 신호로 변환하여야겠죠. 반대로 작동기는 전기신호가 들어가서 필요로 하는 신호들로 변환되는 것이고. 따라서 센서와 작동기, 둘 모두를 묶어서 변환기(transducer)라고 총칭합니다. 용어 그대로 신호를 변환한다는 의미이죠. 센서의 출력은 전기적 신호, 작동기의 입력도 전기적 신호이겠죠. 센서의 입력과 작동기의 출력은 필요에 따라 달라지겠고요.

누군가 이야기를 하면, 즉 음성신호를 보내면 이를 전기신호로 바꿔 주는 변환기는 마이크로폰, 즉 센서입니다. 전기신호들은 전파를 타고 어딘가로 보내져서 다시 음성신호로 바꾸죠. 누군가가 이야기를 들을 수 있도록요. 이 변환기는 스피커, 즉 작동기에 해당합니다. (☞77쪽 센서와 작동기 그림 참조)

변환기들은 신호들 간의 변환을 위해서 실로 다양한 원리가 적용됩니다. 자기장은 자기장에 의해서 신축이 일어나는 자기 변형(magnetostriction) 효과로 기계적인 진동을 만들 수 있고, 기계적인 진동은 압전 효과(piezoelectric effect)에 의해서 전압을 발생시킬 수 있으며, 전압은 에너지원이 되어 자기장을 유도할 수 있죠. 이러한 과정을 통하여 센서와 작동기들은 만들어지며, 고유의 역할을 하게 됩니다. (☞82쪽 신호 변환 사례 그림 참조)

센서는 변환기에 속하지만 센서 안에 내부적으로 별도의 변환 기능을 가지기도 합니다. 즉, 측정하고자 하는 신호를 단번에 전기신호로 바꿀 수 없다면 두 번의 과정을 거치기도 하는데, 예를 들어 이산화탄소의 농도를 측정하기 위하여 적외선을 보내고, 이 경로에서 이산화탄소의 농도에 따라 적외선의 흡수 정도가 영향을 받고, 따라서 수신부인 광다이오드에 도달하는 적외선의 변화가 출력되는 전기신호의 변화를 유도하죠. 이산화탄소의 농도가 적외선의 세기를 바꾸고, 변환된 적외선이 전기신호의 출력을 바꾸는 두 번의 변환이 존재합니다. 변환기가 센서 내부에 존재하건 외부에 있건 개념 자체는 측정하고자 하는 신호를 전기신호로 출력하므로 센서의 정의에는 변화가 없습니다만.

우리가 늘 곁에 두는 스마트폰에서 사진 촬영을 위한 카메라 센서, 말하고 들을 수 있는 마이크로폰과 스피커, 화면을 움직이거나 신호를 넣을 수 있는 터치 센서 등이 이러한 센서와 작동기들이죠. 스마트폰에 신호를 넣어 멀리 있는 집의 문을 개폐하는 스마트 홈의 기능, 그리고 공장 굴뚝에서 뿜어 나오는 연기 성분을 측정하여 이산화질소와 같은 유해 성분들을 감지, 신고하여 환경 정화에 기여하는 착한 행동들도 변환기들, 즉 센서와 작동기들이 있기에 가능합니다. 이렇게 재미있고 유익한 변환기들, 특히 센서에 관하여 이야기를 이어가 봅니다.

센서들 분류하기

우리가 관심이 있는 신호들의 종류는 실로 다양하고, 개개의 신호들을 감지하기 위한 감지 원리와 센서 소재, 응용 또한 다양하니 센서들의 수와 종류는 무궁무진할 수밖에 없습니다. 센서를 체계적으로 학습하기 위해서는 체계적인 분류가 필요합니다. 먼저, 어떻게 분류할까요? 생각부터 해 보죠.

감지 원리에 따른 분류가 먼저 떠오릅니다. 즉, 신호 변환 현상에 따른 분류죠. 온도 차이를 전기로 변환하는 열전(thermoelectric, Seebeck) 효과, 빛이 전기로 바꾸는 광전(photoelectric) 효과, 응력을 인가하여 저항값을 바꾸는 압저항(piezoresistance) 효과 혹은 전압을 유도하는 압전(piezoelectric) 효과, 열이 저항 변화를 일으키는 초전

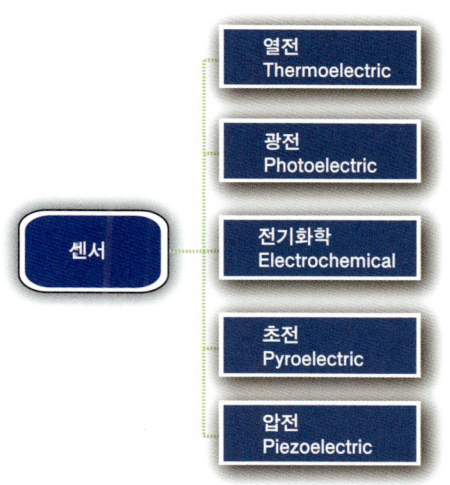

감지 원리에 따른 분류

(pyroelectric) 효과, 자기장에 의해 전기적 저항이 변화하는 저항(magnetoresistance) 효과, 자기장과 전기장 그리고 전자 편향에 의한 전압 유도 간의 상관 관계인 홀(Hall) 효과 등, 이와 같이 물리, 화학, 기계적인 변화를 전기적인 특성 변화로 도출할 수 있는 다양한 원리와 현상, 효과들이 존재합니다. 이러한 작동 메커니즘별로 센서들을 분류하기도 합니다.

감지용 재료에 따른 분류

그리고 감지용 재료 측면에서도 분류가 가능합니다. 즉, 금속, 금속 산화물, 반도체, 세라믹, 고분자를 위시하여 유전체와 복합 재료 등이 대상이 될 수 있습니다. 다음으로 감지하고자 하는 신호원에 따른 분류입니다. 관심 있는 신호, 측정하고자 하는 신호원들은 실로 다양하지만, 그룹별로 구분하여 보면 음향(acoustic), 생물학(biological)과 화학(chemical), 전기(electric), 자기(magnetic), 기계(mechanical), 광학(optical), 방사(radiation), 열(thermal), 점도(viscosity) 등으로 생각할 수 있습니다. 물론 각각의 그룹 안에는 보다 세부적인 신호원들이 존재합니다. 예를 들면, 전기적인 신호 그룹 내에는 전하, 전류, 전위나 전압, 전도도, 유전율, 주파수, 정전용량 등이 있고, 기계적인 신호 그룹에는 변위, 가속도와 각속도, 힘이나 압력, 진동 등이 속하죠. 이와 같이 신호원에 따른 분류가 센서 자체를 공부하는 데에는 보다 편리합니다. 물론 이외에도 센서의 작동 방법이나 구조나 구성 등에 따른 분류, 응용 분야에 따른 분류도 충분히 가능합니다.

센싱 방법, 사용 환경이나 방법 등에 따른 분류도 가능합니다. 센싱 방법에서는 센서 자체에 별도의 신호원이 없이 센서 외부 신호원으로부터 에너지를 받아 작동하는 수동형(passive-type)과 반면에 센서 자체에서 신호를 생산, 이를 측정에 활용하는 방식인 능동형(active-type)으로 구분할 수 있죠. 예를 들어 카메라의 영상 센서에서 햇빛이 피사체에 반사되어 오는 경우에는 수동형 작동이고, 빛이 부

신호원에 따른 분류

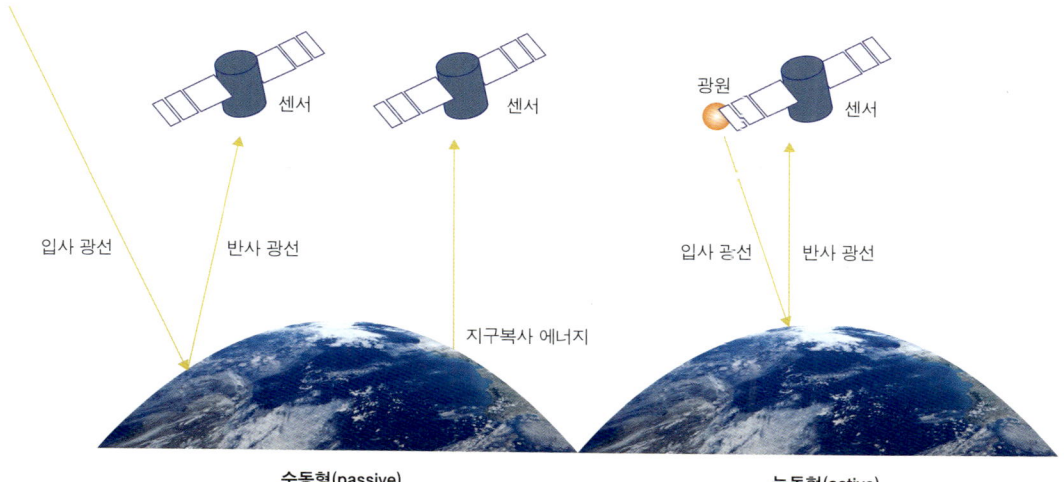

센싱 방법에 따른 분류

족할 경우 플래쉬를 이용한다면 능동형 작동이라고 볼 수 있죠. 레이저나 빛을 이용한 비행 시간(Time of Flight, ToF) 센서처럼 별도의 신호원이 있는 경우가 능동형 센서에 해당합니다. 이와 같이 수동형과 능동형 센서에 있어서, 수동형에서는 별도의 에너지원을 필요로 하지 않으며 입력 신호에 대한 응답만으로 전기적인 출력 신호가 얻어집니다. 열전대(thermocouple)나 광다이오드, 압전 센서 등이 이에 해당되죠. 반면에 능동형 센서에서는 입력 신호를 생성하거나 키우기 위해 별도의 에너지원을 필요로 합니다. 이 경우에는 신호원이 미약하여도 감지가 되며, 대신에 출력 신호의 보정이 필요한 경우가 종종 있습니다. 전원이 있어야만 작동하는 변형률 센서(strain gauge) 또는 별도의 광원을 내장한 광센서 모듈 등이 능동형 센서입니다.

그리고 신호원이 시스템이나 몸체 안에 존재하는 내부 상태(internal state, proprioception) 혹은 신호원이 센서에서 떨어져 외부에 존재하는 외부 상태(external state, exteroception) 센서로 구분하기도 합니다. 센서의 감지부가 신호원에 닿는지 여부에 따라 접촉식과 비접촉식으로도 구분을 하죠.

수요자의 입장에서는 용도별로 센서를 분류하기도 합니다. 물론 신호원 혹은 감지하고자 하는 신호에 따른 분류가 용도별 분류와 매칭되기도 하겠지만, 용도별 분류는 보다 일반적이고 광의의 개념을 포함합니다. 즉, 가전용, 산업용, 운송용, 환경용, 안전용, 건강 및 의료용, 군수용 등과 같이 응용 영역을 사용자의 입장에서 보다 넓게 구분합니다.

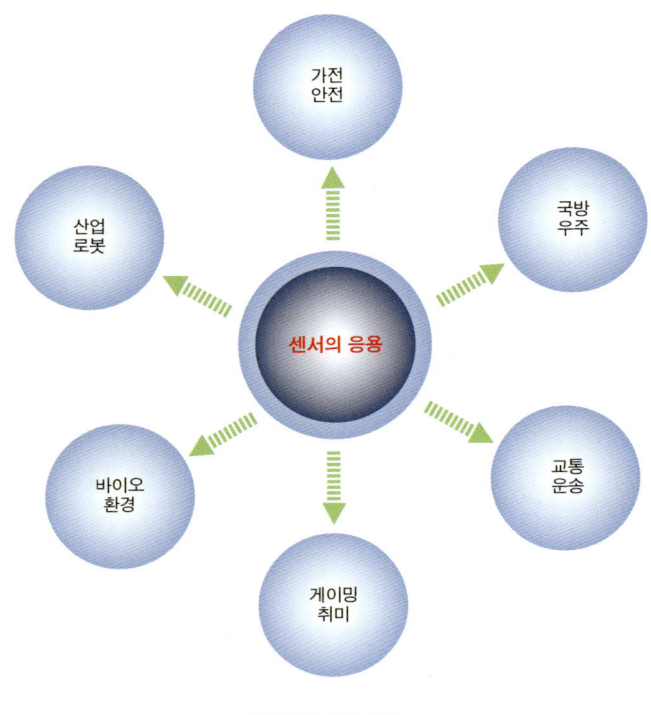

응용도에 따른 분류

센서의 이름들

　최신 및 미래형 센서들의 상당 부분은 초소형 전자 기계 장치(Micro Electro Mechanical System) 기술 기반의 가공 공정과 집적회로 공정을 통하여 주로 실리콘 웨이퍼를 비롯한 반도체 기판 위에 만들어 집니다. 웨이퍼 레벨의 일괄 공정 후 절단 과정을 통해 센서 칩이 되어서 소형이고(micro-), 하나의 칩 혹은 하나의 패키지 안에 온도와 습도, 가속도와 각속도 등과 같이 상호 연관성이 있는 여러 센서들을 넣을 수 있고(multi-), 연관 센서들 간에 데이터를 공유하여 더욱 가치 있는 데이터들로 가공하고(fused-), 이에 더하여 센서 칩이나 단일 패키지 안에 집적회로들을 설치함으로써 신호처리와 분석을 통하여 스스로 생각하고 판단하는 기능이 더해지며(smart-, intelligent-), 궁극적으로는 센서 간 연결은 물론 데이터 전송까지 가능하게 되죠(connected-). 이와 같이 센서 혹은 센서들이 작아지고 여러 신호들의 동시 측정이 가능하고, 회로를 통하여 각각의 센서 데이터들이 변환, 처리가 되어 전송까지 이를 수 있는 이유는 반도체 공정과 MEMS 공정을 병용하여 웨이퍼 위에 센서와 회로들을 일괄, 대량생산할 수 있기 때문입니다(integrated). 따라서 실리콘 웨이퍼에 제작된 MEMS형 센서에는 초소형(micro-),

복합화(multi-), 지능형(smart-, intelligent-), 집적화(integrated-)라는 형용사들이 붙어 새롭고 신선한 이름들이 만들어지고 있습니다. (☞78쪽 그림 참조)

　마이크로 센서, 즉 초소형 센서는 칩의 크기가 1mm 또는 그 이하로 웨이퍼 위에 반도체 공정으로 만들어진 센서입니다. MEMS의 장점들, 즉 성능, 소비 전력, 가격에서의 유리한 점들을 그대로 지니고 있는 첨단 센서들이죠. 특히 소자의 감지부의 크기가 매우 작고 가벼워짐으로써 감도가 높고 소비 전력도 낮아집니다. 칩의 면적이 작으므로 센서의 여유분까지 만들 수 있어서 좋은 여유도(redundancy)를 가질 수도 있죠. 물론 시스템도 소형화되므로 이동성도 좋고, 화학이나 혈액 성분 등을 분석할 때 샘플의 사용량이나 크기도 급격히 줄일 수 있습니다.

　반도체 기술로 제작되고, 센서의 크기도 작으므로 하나의 칩에 상호 연관성이 있는 여러 종류의 센서들을 함께 넣을 수도 있고, 여러 개의 센서 칩들을 한 패키지에 내장할 수도 있습니다. 즉, 센서의 복합화가 가능하죠. 특히 스마트폰과 같은 모바일 기기나 체내에 삽입하는 센서들은 여러 유관 신호들을 감지할 수 있으며, 크기도 작은 센서들을 요구합니다. 모바일 기기나 드론, 무인 비행체에 필수적인 움직임 추적 센서 모듈의 경우, 움직임 감지를 위한 직선 가속도, 각속도 센서들, 나침반용 자기장 센서, 고도 측정을 위한 기압 센서들이 함께 집적화되어 복합화 센서를 이룸으로써 움직임의 완전한 측정과 분석이 가능해집니다.

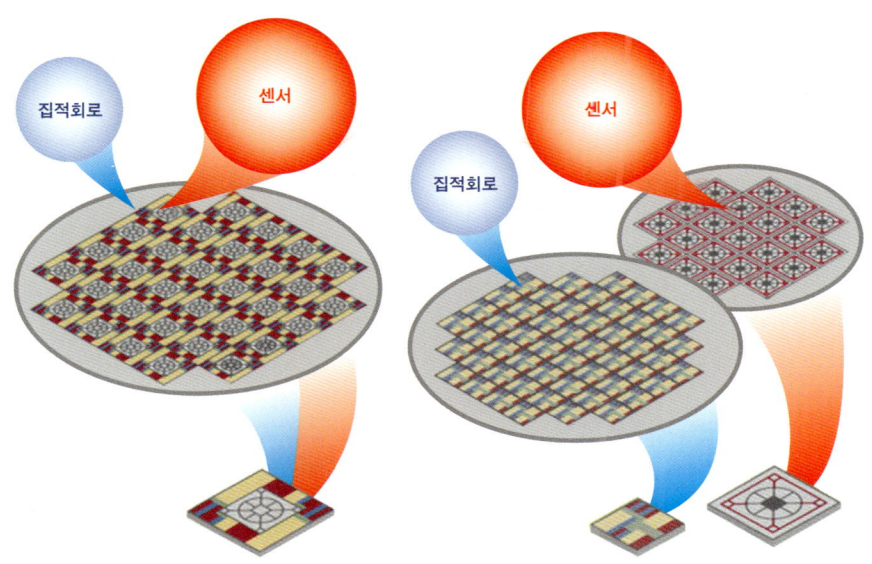

지능형 집적 센서(단일칩과 개별칩)

지능형 센서, 굳이 smart-와 intelligent-를 구별할 필요까지는 없습니다. 센서와 함께 회로들이 만들어져서 신호들의 변환이나 처리 등을 행할 수 있고, 이에 더하여 각 센서들의 데이터 융합(fusion), 그리고 외부 환경과의 연계를 통한 자율 학습 및 보정, 진단 기능까지도 가능해지는 센서를 의미합니다. 예를 들어 신호가 센서에 의해 감지되어 전기신호로 바뀐 후 신호처리 회로와 아날로그-디지털 변환 회로를 거쳐 마이크로 컨트롤러로 전달되어 다양한 처리, 해석된 신호나 명령들이 통신부를 통해 전송까지 이어지는 센서 또는 센서 모듈에 지능형 수식어를 붙입니다. 물론 MEMS 센서부와 주문형 반도체(Application Specific Integrated Circuit, ASIC) 회로부가 하나의 칩이나 단일 패키지로 구성되는 것이 편리하겠죠.

이를 위해서 센서의 집적화는 필수적입니다. 즉, 센서와 일체화 혹은 이웃화가 되어 센서를 지원하는 회로부가 집적화되어 함께 설치되어야 한다는 점이죠. 칩의 소형화, 다기능화를 위해서도 필요하지만 센서로부터 회로까지의 거리가 짧을수록 잡음이 끼어들 여지가 줄어들면서 집적화 센서에서는 신호 대 잡음비도 향상시킬 수 있습니다. 다만, 센서와 회로를 하나의 칩으로 할지, 두 개의 칩으로 만든 후 단일 패키지로 갈지 여부는 성능과 함께 제조 공정의 난이도와 생산 가격까지를 고려하여야 하므로 종합적인 판단이 필요합니다. 기하학적으로 3차원 구조와 모양을 가지는 집적화 센서들이 연구 개발되고 있다는 점도 흥미롭습니다.

※ ≪센서전쟁(교보출판사)≫에 일부 수록된 내용입니다.

전자 디스플레이의 과거, 현재 그리고 미래

브라운관에서 평판 디스플레이로의 전환

'디스플레이, display'의 어원은 라틴어인 'displico' 혹은 'displicare'로, 그 의미는 '보이다, 펼치다, 진열하다'입니다. 흔히 쓰이는 의미는 '전시 및 진열'이지만, 전자공학에서 뜻하는 디스플레이는 '표시 장치'라는 뜻으로 다양한 정보를 우리 눈으로 전달하는 출력장치, 즉 화면을 의미합니다. 물론 화면에 터치 기능까지 더해져 손가락으로 정보를 입력하는 역할까지 하므로 입출력 장치가 더 걸맞은 표현일 수도 있겠죠. 요즘처럼 유비쿼터스한 세상에서 만일 디스플레이가 없다면 불편을 넘어 문명의 존속 자체가 흔들릴 수도 있을 만큼, 그 중요성은 날이 갈수록 높아지고 있습니다. 한국 산업의 중추요 4차 산업혁명의 필수품인 전자 디스플레이 기술의 소개와 발전 과정을 소개하고자 합니다.

인간의 오감에서 눈으로 들어오는 정보량이 70~80% 정도입니다. 따라서 시각적으로 생각이나 의견을 전하는 수단, 즉 디스플레이는 기원전부터 지금껏 쉬지 않고 발전해 오고 있습니다. 최초의 시각적 표현은 알타미라 동굴 벽화로 보고 있으며(기원전 1만 5천 년), 이후 파피루스로 시작된 종이(기원전 2천 년)의 시간을 지나 서기 1800년대에 사진과 영화가 출현하였습니다. 그리고 마침내 1897년에 독일의 카를 브라운 교수가 음극선관(Cathode Ray Tube, CRT)으로 명명된 최초의 전자 디스플레이 장치를 발명하였습니다. 음극에서 생성된 전자선이 진공 튜브 내를 움직여 영상을 표시하는 것이었습니다. 전자 디스플레이 장치는 동작 원리에 따라 명명되지만, CRT의 경우 발명자의 이름을 따서 브라운관이라고도 불려왔습니다. 이러한 브라운관은 전자 디스플레이 장치의 실질적인 시작으로 1900년대를 이끌어 온 대표적 주자입니다.

CRT의 원리를 살펴보면 음극에 열을 가하여 에너지를 얻은 전자들이 밖으로 튀어나오게 하고, 이러한 전자들을 전기장이나 자기장을 사용하여 일렬로 정렬하여 전자선을 만든 뒤 양극 쪽으로 가속하여 양극에 도포되어 있는 형광체에 충돌시켜 빛을 만들어내는 방식입니다. 음극으로부터 나온 전자들이 일정 거리를 달려야 충분한 에너지를 얻을 수 있으며, 이런 전자선들이 양극에 이르러 가로와 세로로 움직이면서 화면 전체를 주사하여 작은 점들로부터 빛을 만들어내므로, 양극과 음극 간의 일정 거리(길이)와 양극의 특정 넓이(면적)가 필요합니다. 그리고 전자들이 주변과 화학적으로 반응하거나 다른 기체들과 물리적으로 충돌하는 것을 막기 위해 내부 환경은 진공으로 유지하여야 합니다. 따라서 디스플레이 장치 전체가 무겁고 큰 유리 구조물로 이루어져 있기 때문에 얇고 가벼운 벽걸이 TV

는 물론 모바일 폰과 태블릿 PC, 노트북 컴퓨터 등 휴대용 기기의 사용이 제한되어 왔습니다.

따라서 얇고 가벼운 평판 디스플레이(Flat Panel Display, FPD) 장치를 만들고자 하는 시도가 꾸준히 진행되었고, 매우 다양한 전자 디스플레이 장치들이 연구 개발되면서 제품이 되었다가 다시 사라지는 과정을 반복하여 왔습니다. 1970년대부터 액정 디스플레이(Liquid Crystal Display, LCD)를 이용한 전자계산기나 숫자 표시용 시계 등이 출현하였고, 여기에 플라즈마 디스플레이 패널(Plasma Display Panel, PDP)이 가세하면서 자동차용 TV, 노트북 등으로 응용 범위를 확장하였습니다. 그리고 전자 디스플레이의 응용 분야에서 신뢰성이나 시장 점유면에서 완성체라 할 수 있는 벽걸이 TV 시장에는 1990년대 말에 PDP가 본격적으로 진입하였고, 2000년대에 들어서면서 순차적으로 TV 시장 진입에 성공한 LCD와 유기 발광 다이오드(Organic Light Emitting Diode, OLED)가 새로운 경쟁 구도를 형성하였습니다.

CRT는 '진공', LCD는 '액체', PDP는 '기체', OLED는 '고체'를 기반으로 하는 디스플레이로 신이 우리에게 주신 4가지 상태를 각각 이용하고 있다는 점이 흥미롭습니다. 우리가 가장 접하기 어려운 진공 기반의 디스플레이가 가장 먼저, 다루기 편한 고체 기반의 디스플레이가 마지막으로 출현하였다는 점이 흥미로우며, 향후에는 고체 기반의 전자 디스플레이 장치 기술의 경연장이 펼쳐질 것으로 기대됩니다.

텔레비전 시장에서의 경쟁

전자 디스플레이의 경연장은 TV(텔레비전) 시장입니다. 프리미엄급 TV를 대상으로 하여 사이즈와 화질, 가격을 두고 메이커들 간에 치열한 다툼이 펼쳐지고 있으며, TV 시장을 석권하였다는 건 예를 들어 씨름에서 천하장사를 움켜쥔 것이나 다름이 없습니다. 즉, 기술과 시장에서 최고가 되었다는 의미입니다. 전자 디스플레이의 역사가 100년에 달하고, 수십여 종의 다양한 기술들이 전자 디스플레이 분야에 명함을 내밀었어도 지금껏 TV 시장에 제대로 들어선 기술은 브라운관(CRT)과 플라즈마 디스플레이(PDP), 액정 디스플레이(LCD) 그리고 유기 발광 다이오드(OLED)뿐입니다. 그리고 지금은 LCD와 OLED가 건곤일척의 경합을 벌이고 있습니다.

1990년대에 '벽걸이 TV'가 시작되면서 크고 무거운 브라운관 TV의 급격한 소멸이 일어났고 PDP가 평판 디스플레이로의 물갈이의 선두 주자가 되었습니다. PDP는 전기장이 기체를 방전시켜 자외선을 만들고 자외선이 우리 눈에 보이는 빛(가시광선)을 만드는 '전계 발광+광 발광' 원리로 작동됩니다. 즉, 작은 방전관들이 평면으로 배열되어 각각 빨강-초록-파랑으로 반짝이며, 이러한 빛의 3원색이 서로 다른 밝기로 어우러져 하나의 화소(픽셀, pixel, picture+element)가 표시되고, 이러한 화소들이 이어져서 영상을 만들어냅니다. 방전관 기술의 결정체인 PDP는 반도체 공정에 크게 의존하지 않는 생산성과 가격 경쟁력으로 TV에서 장기 집권을 하고 있던 브라운관을 역사의 뒤안길로 사라지게 하는 주역이 되었습니다. 하지만 화무십일홍이랄까, 20세기에 들어서면서 등장한 LCD TV와 안방극장을 놓고 '죽느냐 사느냐'를 결정짓는 10년 대결을 벌이게 됩니다.

PDP와 LCD의 대결의 뒷담화는 지금까지도 디스플레이 소사이어티에서 회자되고 있습니다. 의미도 크지만 생각하여야 할 점들이 적지 않다는 것입니다. 결과를 먼저 말하면 LCD의 완벽한 승리죠. PDP는 퇴출되었고 지구상에서 사라졌습니다. 스스로 빛을 만들지 못하여 남의 빛(백라이트)을 얻어 써야 하고, 그 빛의 통과 정도를 조절하는 조각 커튼인 액정(liquid crystal)의 느린 속도와 비대칭성으로 인해 빠른 영상 구현이 만만치 않고 시야각에서도 자유롭지 못한 LCD 기술이 TV의 챔피언이 되었다는 점은 적지 않은 궁금증을 내포하고 있습니다. 물론 시야각과 동작 속도 등에서 기술 발전과 함께 광원을 형광등이 아닌 LED를 사용하면서 색과 화질이 향상된 점이 LCD의 동력이었지만, 이에 더하여 높은 전기세(사실은 전기료), 전자파의 유해성 등 지금 보면 진실과는 거리가 있는 '고정 지출과 인체 유해성'에 대한 막연한 두려움과 불확실한 불안감이 반상회, 아파트 부녀회 등을 타고 스멀스멀 침투한 연유였을까요? 브라운관이 100년이라면 LCD는 50여 년을 지탱하여 온 디스플레이 기술입니다. 유구한 관록과 치밀한 전략이 결과적으로는 초소형에서부터 초대형에 이르기까지 전자 디스플레이의 전 영역을 석권하였습니다. 플라이급에서 출발한 복서가 헤비급까지 제패하듯이 그렇게 말이죠.

LCD가 액체에 가까운 액정 커튼을 전기장으로 움직여 빛의 투과를 조절하는 액체 기반의 디스플레이라면 OLED는 유기물이 주재료이고 전극만 무기물인 순수한 고체 디스플레이에 해당합니다. 고체가 액체에 도전장을 내밀지 못할 이유가 없습니다. 더구나 OLED는 전자와 정공의 만남을 통하여 빛이 만들어지는 정통파 전계 발광으로 작동함으로써 동작 속도가 빠르고 시야각 문제가 없으며 명암비를 좌우하는 '진정한 블랙'을 만들어냅니다. LCD가 낮에 암막 커튼을 쳐서 어둠을 만드는 대신에 OLED는 밤의 어둠을 구현한다는 뜻입니다. 아울러 유기물들의 다양한 합성을 통한 자연색 구현에도 훨씬 잠재력이 있습니다. PDP TV가 브라운관 TV에게 그랬듯이, LCD TV가 PDP TV에게 그랬듯이, OLED TV가 LCD TV 판을 뒤집어 엎는 데 그리 오랜 시간이 걸리지 않을 줄로 알았습니다. 그런데 OLED TV가 도전장을 내민 지 10여 년이 훌쩍 넘었는데도 LCD TV의 맷집이 대단합니다. 명암비의 불리함을 발광 다이오드(LED) 백라이트 활용을 통한 로컬 디밍(명암의 국부적인 조절 가능)으로 버티더니, 자연색 구현은 양자점(QD, Quantum Dot)을 접목한 양자점 LCD 기술로 대등하게 견주고 있습니다. 언젠가는 OLED TV가 챔피언에 오르더라도 KO 승이 아닌 고전의 판정승이 될 전망입니다. LCD TV는 브라운관과 PDP처럼 소멸까지는 가지 않고 자신만의 영역을 지킬 수도 있습니다.

TV를 보면서 TV의 영상만큼이나 영상을 만들어내는 전자 디스플레이들의 대결을 보는 것도 흥미진진합니다. 관록의 LCD와 혁신의 OLED 그리고 새로이 뛰어들 준비를 하고 있는 패기의 전자 디스플레이 기술 신예들의 등장, 디스플레이 기술 전장의 뜨거운 현재입니다.

유기 발광 다이오드, 양자점 디스플레이와 마이크로 LED

전자 디스플레이의 미래는 반도체보다 예측이 어렵습니다. 반도체의 경우 집적도가 높아지고, 기억 용량이 커지면 다음 단계로 넘어가지만 전자 디스플레이는 기술이 발전하더라도 성능은 물론 활용성, 즉 모양의 변형(폼 팩터)이나 크기, 가격 경쟁력 등 여러 면에서 치열한 경쟁 과정을 거쳐야 합니다. 이전 기술의 약점을 치열하게 파고드는 전쟁에 가까운 경쟁 과정을 거쳐 시장을 주도하는 기술이 변천되어 왔습니다.

지금은 OLED의 시대입니다. 밝음과 어두움의 높은 비율(대조비)과 색깔의 표현 그리고 얇은 두께에 더해지는 휘거나 접을 수 있는 변형 능력으로 모바일이나 태블릿에서부터 TV까지 영토를 점해가고 있습니다. 왕년의 챔피언인 LCD는 아직은 낮은 가격과 박리다매의 지존인 차이나의 힘을 토대로 맷집이 굳건하죠. OLED 우세는 확실시되지만 그렇다고 LCD의 존재가 영영 사라지지도 않을 듯도 합니다. LCD 기술의 성숙도는 완성되었고, 더 이상 히든 카드는 없을지라도 지금껏 갈고 닦은 구력이 있고, 폼팩터 변형 능력을 제외하고는 OLED의 큰 한방은 터지지 않을 것으로 보이니 말입니다.

그러면 OLED는 어떨까요? 특히 TV용 대형 OLED의 영역은 100인치급에 육박하고 있지만 작금의 OLED TV는 '백색 OLED + RGB 컬러 필터' 기술로 미소 화소 패터닝의 어려움을 피한 '철조망 우회 통과' 방식입니다. 완전한 3원색을 위해서는 RGB(빨강, 초록, 파랑) 빛을 내는 작은 부화소들의 모양 정의와 배열이 필요하고 이를 위해서는 반도체에서 쓰이는 사진식각 기술(photolithography)이 필요한데, 이 과정에서 유기물이 물과 습기를 견딜 수 없다는 점입니다. 즉, 물을 사용하는 기존 패터닝 기술의 적용이 어려워 궁여지책으로 얇은 금속판에 작은 구멍들을 무수히 뚫어 이를 통하여 RGB 발광 물질을 순차적으로 증착해 가는 쉐도우 마스크 기법을 쓰고 있습니다. 하지만 이는 패턴의 모양과 정렬에서의 오차 발생으로 불량 우려가 크고 특히 OLED의 크기가 커질수록 불량에 대한 손실은 혹독하게 됩니다. 이런 연유로 TV 등 대형 OLED 패널에서는 패터닝 공정을 피해 흰색 OLED를 전면에 만들고 이 위에 RGB 컬러 필터를 덧대는 '백색 OLED + RGB 컬러 필터' 방식을 쓰고 있습니다. 이는 생성된 빛의 3분의 1밖에 쓸 수 없는 차선책에 불과하여 기존의 OLED가 밝기와 수명에서 자유롭지 못한 이유가 됩니다.

최근에 등장한 '블루 OLED + RGB 색변환층' 방식은 진화된 기술로 파랑 OLED를 넓게 깔고 이 위에 필터가 아닌 색 변환 물질을 적용하는데, 에너지 효율과 색 변환 특성이 우수한 양자점을 도입하여 파랑을 빨강과 초록으로 변환함으로써 밝기와 수명, 내구성을 한층 개선하였습니다. 이는 진일보된 OLED 기술로 다음 단계로 OLED 부분을 제거하고 양자점에 전기를 흘려 RGB를 직접 발광시키는 양자점 LED가 대기 중입니다. 즉, 기존의 OLED 기술에 양자점을 도입한 개선으로 이어지는 'OLED의 진화' 그리고 양자점 기술이 더욱 발전하여 OLED 광원을 완전히 배제하는 '양자점 기반 디스플레이'를 다음 세대의 중추적인 기술로 예측할 수 있습니다.

또 한 가지는 '마이크로 LED' 기술입니다. LED(발광 다이오드)의 역사는 반세기를 넘는데 지금까지는 유리 기판이 아닌 반도체 웨이퍼에 만들어져서 칩 형태로 자른 뒤 개별 패키징을 하여 사용되었습니다. RGB LED 각각을 디스플레이의 화소로 보기에는 사이즈가 커서 평면으로 넓게 배열한 패널을 빌딩의 옥상에 설치하여 멀리서 보는 디스플레이로 사용되어 왔습니다. 월드컵 경기의 야외 중계, 퇴근길에 보이는 뉴스 전광판으로 익숙하죠. 기존 LED 칩을 100분의 1의 크기로 만들어 디스플레이 화소들로 유리 기판 위에 이송 배열을 한다면 진일보한 디스플레이가 될 수 있습니다. 꼭 유리 기판이어야 할 이유도 없으며, 휨을 위한 플라스틱과 웨어러블용 옷감도 생각해 볼 수 있습니다. 초대형 무정형 TV를 향해 도전의 발걸음을 딛고 있는 '마이크로 LED' 기술입니다.

'OLED의 진화', '양자점 LED', '마이크로 LED'로 구분되는 세 종류의 기술이 현재에서 미래를 향하는 직시형(화면을 직접 보는 방식) 디스플레이의 3대 축이 될 것입니다. 적어도 5년이 채 남지 않은 나의 정년까지는 말이죠. 그 이후의 디스플레이는 희망과 꿈입니다. 상상을 뛰어넘는 꿈이 있었기에 기술이 발전해 왔듯이 기술은 꿈을 현실화합니다. 더 미래를 향한 디스플레이 기술은 조금 더 미래에 생각해 보죠. 우리가 어떤 기술, 어떤 디스플레이 제품을 원하고 있는지, 어떻게 이루어 갈 수 있을지를.

※ 〈고대 신문〉에 연재된 내용입니다.